자율 적응 도시

AUTONOMOUS ADAPTIVE CITY

자율 적응 도시

이병재 지음

미래 인간과 도시의 공진화

좋은땅

들어가는 말

 우리가 발 딛고 선 이 거대한 도시의 심장이, 어딘가 위태롭게 뛰고 있다는 사실을 우리 모두는 직감하고 있습니다. 100년 만의 폭우는 10년 전에 만든 수방 대책을 비웃듯 무력화시키고, 예고 없는 행사는 도시의 교통망을 순식간에 마비시킵니다. 과거의 경험과 데이터로 만든 정교한 계획들은, 예측 불가능한 미래의 충격 앞에서 너무나 쉽게 낡고 무용해집니다.

 이 거대한 전환의 시대 앞에서, 우리는 어떤 도시를 꿈꿔야 할까요?

 이 질문에 대한 저의 고민은 꽤 오래전, 낯선 땅에서 유학하며 처음으로 국제 학술대회 연단에 섰던 그 떨리는 순간으로 거슬러 올라갑니다. 젊은 유학생이었던 제가 선택한 첫 연구 발표의 제목은 '공간 유기체론(Spatial Organism)'이었습니다. 도시를 생명이 없는 콘크리트와 강철의 집합이 아닌, 스스로 호흡하고 성장하며 때로는 병들기도 하는 하나의 살아 있는 생명체로 바라보아야 한다는, 다소 막연하지만 절실했던 생각이었습니다.

 그 생각의 씨앗은 시간이 흘러, 2016년 국책연구기관인 국토연구원에서 '미래의 도시와 한국의 선택'이라는 책의 한 부분을 집필하며 조금 더 구체적인 모습을 갖추게 되었습니다. 저는 당시 원고에서 도시가 외부의 충격과 내부의 변화에 스스로를 맞추어 가는 능동적인 존재가 되어야 한다는 의미를 담아, '자기적응적 도시(Self Adapting City)'라는 용어를 처음으로 제안했습니다. 도시라는 유기체가 스스로를 치유하고 환경에 적응하는 능력을 가져야 한다는 믿음의 표현이었습니다.

그리고 다시 수년이 흐른 지금, 인공지능과 데이터 기술은 과거에는 상상할 수 없었던 속도로 발전했고, 팬데믹과 기후 위기는 도시의 '적응 능력'을 더는 미룰 수 없는 생존의 과제로 만들었습니다. 저는 이제, 그 오랜 고민의 최종 진화형인 '자율 적응 도시(Autonomous Adaptive City)'라는 화두를 들고 독자 여러분 앞에 섰습니다.

이 책에서 말하는 '자율 적응 도시'는 단순히 똑똑한 도시를 넘어섭니다. 스스로 판단하고 결정하는 '자율성', 환경 변화에 맞춰 끊임없이 자신의 구조를 바꾸는 '적응성', 그리고 그 모든 과정에서 기술과 시민이 서로 영향을 주고받으며 함께 성장하는 '공진화(Co-evolution)'의 철학을 핵심으로 합니다. 이는 도시가 인간을 위한 최적의 환경을 '제공'하는 것을 넘어, 도시와 인간이 함께 춤을 추며 미래를 '창조'해 나가는 새로운 패러다임에 대한 이야기입니다.

부디 이 책과 함께, 도시와 인간, 그리고 기술이 함께 추는 아름다운 공진화의 춤을 목격하고, 그 위대한 여정의 주인공이 되어 주시길 바랍니다. 이 책은 미래 도시에 대한 기술 설명서가 아니라, '우리는 어떤 도시에서 살고 싶은가?'라는 가장 근본적인 질문에 대한 저의 오랜 대답이자, 우리 시대의 새로운 가능성을 향한 간절한 초대장입니다.

2025년 11월
저자 이병재

목차

들어가는 말 004

1. 왜 도시는 스스로 진화해야 하는가?

1.1 기계에서 생명으로: 자율 적응 도시의 탄생 017
    정의와 핵심 개념 017
    현대 도시 문제 해결을 위한 새로운 패러다임 021

1.2 세계의 미래 도시들은 무엇을 꿈꾸는가? 024
    세계의 미래 도시들 024
    자율 적응 도시, 무엇이 다른가? 029

1.3 자율 적응 도시로의 진화 032
    기존 스마트 도시와의 차별점 032
    자율성과 적응성의 중요성 034

1.4 책의 목적과 구성 036
    배경과 목표 036
    구체적인 목표들 037
    독자를 위한 가이드 039

2.
도시의 몸을 깨우는 영혼: 기술적 토대

2.1	**도시의 두뇌: 예측하고 판단하는 인공지능**	046
	도시 데이터 분석과 예측 모델	047
	자율적 의사결정 시스템	048
2.2	**도시의 신경망: 사물인터넷(IoT)과 센서 네트워크**	050
	실시간 도시 모니터링과 데이터 수집	050
	스마트 인프라와의 통합	051
2.3	**도시의 기억과 반사신경: 빅데이터와 클라우드 & 엣지 컴퓨팅**	053
	대규모 데이터 처리와 활용	054
	엣지 컴퓨팅을 통한 실시간 반응성	055
2.4	**현실과 가상의 공존: 사이버 물리 시스템(CPS)과 디지털 트윈**	057
	사이버 물리 시스템(CPS): 도시의 지능형 제어탑	058
	디지털 트윈: 가상 공간에서 살아 숨 쉬는 도시	059
2.5	**기술 융합의 힘: 자율 적응 도시 시스템의 완성**	065
	기술 융합의 메커니즘	065
	미래를 향한 전망	067

3.
살아 있는 인프라: 도시의 혈관은 어떻게 흐르는가?

3.1	자율 교통 시스템	071
	자율주행 차량과 교통 흐름 최적화	072
	수요 대응형 모빌리티 서비스(MaaS)	073
3.2	스마트 에너지 관리	076
	스마트 그리드와 재생에너지 통합	076
	실시간 에너지 효율화 전략	079
3.3	지능형 수자원 관리	081
	적응형 물 공급과 수질 관리	081
	홍수 및 가뭄 대응 시스템	083
3.4	도시 계획과 건축의 재발견: 비어 있음의 쓸모를 찾아서	084
	모듈형 설계와 적응형 공간 활용	086
	지속 가능한 녹색 인프라	088
3.5	살아 있는 인프라의 조건: 기술을 넘어선 과제들	090

4.
보이지 않는 도시의 운영체제: 거버넌스

4.1	데이터 기반 의사결정	095
	AI와 실시간 데이터 활용	096
	동적 정책 수립과 실행	097
4.2	누가 도시를 움직이는가: 주인이 된 시민들	099
	디지털 플랫폼을 통한 민주적 참여	100

피드백 루프와 공동체 의사결정　　　　　　　　101
4.3 **정책 및 규제 프레임워크**　　　　　　　　　　104
  자율 시스템을 위한 법적 기반　　　　　　　　104
  유연하고 적응적인 규제 모델　　　　　　　　105
4.4 **프라이버시와 보안**　　　　　　　　　　　　106
  개인 데이터 보호 전략　　　　　　　　　　　106
  사이버 보안과 윤리적 고려사항　　　　　　　108

5.
우리의 삶은 어떻게 재편되는가: 사회경제적 대전환

5.1 **새로운 경제 모델**　　　　　　　　　　　　113
  공유 경제와 혁신 생태계　　　　　　　　　　115
  도시 기반 창업과 비즈니스 기회　　　　　　117
5.2 **노동 시장의 진화**　　　　　　　　　　　　119
  자동화와 일자리 창출　　　　　　　　　　　120
  미래를 위한 교육과 평생학습　　　　　　　　121
5.3 **미래행 열차의 티켓: 누구도 소외되지 않는 도시를 향하여**　　124
  디지털 격차 해소와 접근성 보장　　　　　　125
  다양한 계층의 통합과 균형　　　　　　　　　126
5.4 **미래 세대의 라이프스타일과 새로운 공동체**　　127
  소유에서 경험으로: 구독 경제 세대의 등장　　128
  느슨한 연대, 강력한 커뮤니티　　　　　　　128
  미래 세대가 마주할 새로운 질문　　　　　　129

6.
도시의 온도, 사람의 마음:
디지털 시대의 도시 심리학과 웰빙

- 6.1 똑똑한 도시는 행복한 도시인가? ... 132
- 6.2 초연결 시대의 고독: 디지털은 우리를 어떻게 갈라놓는가? ... 134
- 6.3 디지털 웰빙을 위한 도시 설계: '캄테크(Calm Tech)'의 원리 ... 136
- 6.4 장소성의 재발견: 기술은 어떻게 도시의 기억을 되살리는가? ... 139
- 6.5 마음을 돌보는 도시의 탄생 ... 142

7.
도시의 생존법: 지속가능성과 회복력

- 7.1 **탄소 중립과 순환경제** ... 147
  - 탄소 중립 도시 설계 ... 148
  - 폐기물 관리와 재활용 시스템 ... 151
- 7.2 **예측과 적응으로 위기 넘기** ... 154
  - 극단적 기후에 대한 적응 전략 ... 155
  - 예측 분석과 자율적 응급 대응 ... 157
  - 도시 회복력 강화 방안 ... 159
- 7.3 **스스로 치유하고 성장하는 도시** ... 161

8.
미래는 이미 와 있다: 세계 도시들의 위대한 실험

8.1	글로벌 선도 도시들의 도전	165
	싱가포르, 암스테르담, 도쿄 사례	165
8.2	신흥 도시와 재개발 프로젝트	171
	백지 위에 그리는 미래: 신도시의 담대한 실험	171
	낡은 도시에 새 숨결을	173
8.3	작지만 강한 도시들: 풀뿌리 혁신의 가능성	176
	작지만 더 민첩하게: 중소도시의 창의적 도전	176
	시민이 직접 만드는 변화: 풀뿌리 혁신의 힘	177
	작은 시작이 만드는 큰 변화	179

9.
도시의 주인을 찾아서: 시민 도시 계획가 시대의 개막

9.1	우리는 왜 도시의 주인이 되어야 하는가?	182
9.2	시민 도시 계획가의 도구들: 도시를 바꾸는 세 가지 열쇠	185
	도시 전체가 살아 있는 실험실: 리빙랩(Living Lab)	185
	우리 동네 데이터는 우리가 직접: 시민 과학(Citizen Science)	187
	내 세금을 내가 쓸 곳에: 참여 예산제(Participatory Budgeting)	188
9.3	나의 아이디어가 도시 정책이 되기까지	190
9.4	당신의 도시를 해킹하라: 작고 빠른 변화의 힘	194

10.
유토피아의 그림자:
우리가 넘어야 할 세 개의 관문

10.1	**기술적 장벽**	199
	인프라 비용과 통합의 어려움	199
	사이버 보안 위협과 대응	200
10.2	**사회적·윤리적 문제**	202
	감시와 프라이버시 침해 우려	202
	기술 접근의 불평등 문제	203
10.3	**경제적·정치적 제약**	205
	자금 조달과 공공-민간 협력	205
	정치적 저항과 규제 지연	207

11.
2050년, 도시의 꿈:
인간과 기술의 가장 아름다운 조우

11.1	**기술 발전의 다음 단계**	213
	차세대 인공지능의 도약	214
	6G 통신이 여는 초연결 시대	215
	양자 컴퓨팅의 혁명적 문제 해결 능력	216
	도시 로보틱스의 진화	216
	기술 융합의 시너지 효과	217

11.2	글로벌 협력과 표준화	218
	국제적 프레임워크의 필요성	218
	도시 간 협력을 통한 혁신 가속화	219
11.3	2050년을 향한 장기 비전	220
	지속 가능하고 인간 중심의 도시	221
	사회적 가치와 기술의 조화	222
	인간과 기술이 공존하는 미래	223

12. 새로운 항해를 시작하는 당신에게

12.1	우리가 함께 걸어온 길	227
	책 전반에 걸친 주요 인사이트	227
12.2	미래를 위한 역할에 대한 초대	229
	정책 입안자, 기업, 시민을 위한 행동 제안	229
12.3	새로운 도시 시대의 시작: 공진화하는 인간과 도시	233

맺음말	236
참고문헌	238

1.

왜 도시는
스스로 진화해야 하는가?

오늘날 우리가 살고 있는 도시는 기회의 땅이면서 동시에 위기의 현장이기도 하다. 기후변화로 인한 극한 기상현상, 팬데믹의 충격, 자원 부족, 그리고 심화되는 불평등 문제가 도시를 둘러싸고 있다. 과거의 도시 관리 방식으로는 더 이상 이런 복잡한 문제들을 해결하기 어려워졌다. 10년 전에 만든 홍수 대책은 기록적인 폭우가 일상이 된 오늘날에는 무용지물이다. 어제의 교통량 데이터를 기반으로 짠 오늘의 신호체계는 갑작스러운 행사로 몰려든 인파 앞에서 속수무책이다. 이처럼 과거의 경험에 의존하는 고정된 시스템의 한계가 명확해진 지금, 우리에게는 스스로 학습하고 미래를 예측하며 실시간으로 답을 찾는 새로운 도시가 필요하다.

이런 상황에서 '자율 적응 도시(Autonomous Adaptive City)'라는 새로운 개념이 주목받고 있다. 이는 단순히 도시에 첨단 기술을 적용하는 것을 넘어선다. 도시 시스템과 그 안에 사는 사람들, 그리고 자연환경이 서로 영향을 주고받으며 함께 발전하는 '살아 있는 공진화(living co-evolution)'를 추구한다.

마치 도시와 시민, 그리고 기술이 함께 추는 춤과 같다. 서로의 리듬에 맞춰 새로운 동작을 만들어 내고, 예상치 못한 아름다움을 창조해 나간다. 이 장에서는 이런 역동적이고 지능적인 미래 도시, 자율 적응 도시의 개념과 등장 배경을 살펴보고, 이 책이 다룰 내용들을 소개하고자 한다.

1.1

기계에서 생명으로: 자율 적응 도시의 탄생

정의와 핵심 개념

이 책은 도시를 '기계'가 아닌 '생명'으로 보고자 한다. 기계는 개별 부품(객체)의 합이지만, 생명은 관계의 그물망이다.

즉, 자율 적응 도시는 AI, IoT 같은 개별 기술들의 단순한 집합이 아닙니다. 이는 불교의 연기설(緣起說)이 말하듯, 사람과 공간, 기술과 자연이 서로가 서로의 원인이자 조건이 되어 짜이는 무한한 '관계의 그물망(Network)' 그 자체이다. 도시의 지능은 이 관계 속에서 예측 불가능하게 피어나는 '창발적(Emergent) 속성'이다.

여기서 '창발'이란, 수많은 새들이 각자 단순한 규칙에 따라 날갯짓할 뿐이지만, 그들의 상호작용이 모여 누구도 설계하지 않은 거대하고 아름다운 군무(群舞)를 만들어 내는 것과 같은 현상입니다. 즉, 도시의 지능은 한 명의 천재적인 설계자가 만드는 것이 아니라, 수많은 시민과 기술의 상호작용 속에서 저절로 피어나는 것입니다.

　이 살아 있는 관계의 그물망이 어떻게 작동하는지 쉽게 이해하기 위해, 우리는 도시를 하나의 '유기체'에 비유할 수 있다. 이 유기체의 두뇌는 인공지능(AI)이, 온몸 구석구석 퍼져 도시의 상태를 느끼는 신경망은 사물인터넷(IoT) 센서가, 그리고 방대한 기억과 경험은 빅데이터 기술이 담당한다. 그리고 이 모든 것을 하나로 엮어 현실의 도시와 컴퓨터 속 쌍둥이 도시를 연결하는 것이 바로 사이버 물리 시스템(CPS)과 디지털 트윈이다. 결국 자율 적응 도시의 목표는 단순히 똑똑한 부품을 더하는 것이 아니라, 이 관계의 그물망이 스스로를 인식하고 더 건강한 방향으로 진화하도록 돕는 것이다.

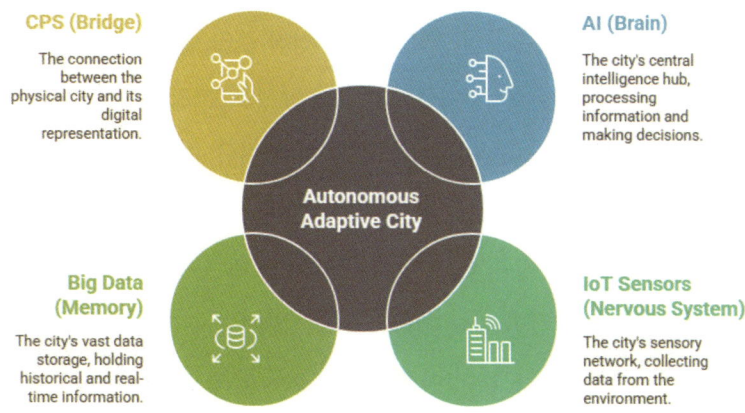

자율 적응 도시의 기술적 토대

자율 적응 도시의 핵심 개념은 다음과 같다.

자율성(Autonomy): 도시 시스템이 사람의 직접적인 개입 없이도 상황을 스스로 판단하고 최적의 결정을 내려 실행하는 능력이다.

예를 들어, AI 기반 교통 시스템은 단순히 정해진 규칙에 따라 신호를 바꾸는 것을 넘어선다. 대규모 행사로 인한 갑작스러운 인파 집중이나 주요 도로의 사고, 악천후로 인한 통행 제한 등이 발생하면, 주변 도로의 교통 흐름, 대중교통 운행 정보, 응급차량의 경로 확보 필요성, 시민들의 이동 패턴 변화까지 종합적으로 고려한다. 그리고 수 초 내에 도시 전체의 교통 신호와 우회 경로를 자율적으로 재설계해 시민들에게 안내한다.

적응성(Adaptability): 예상치 못한 환경 변화에 대해 도시가 유연하게 대처하고, 그 과정에서 얻은 교훈으로 더 발전된 형태로 스스로를 변화시키는 능력이다.

끊임없이 변화하는 세상에 유연하게 대처해야 한다는 생각은 비단 현대만의 것은 아니다. 동양의 지혜가 담긴 경전 주역(周易)은 세상의 근본 원리가 바로 '변화(易)' 그 자체에 있다고 통찰했다. 고정불변의 실체란 없으며 모든 것이 생성하고 변화하기에, 가장 뛰어난 지혜는 바로 이 변화의 흐름에 맞춰 함께 변화하는 데 있다는 것이다.

자율 적응 도시의 '적응성'은 바로 이 수천 년 된 지혜의 현대적 구현이다. 도시는 더 이상 한번 지어지면 고정되는 박제된 공간이 아니다. 기후, 인구, 기술, 가치관 등 모든 것이 변화하는 흐름 속에서, 도시 스스로 자신의 형태와 기능을 끊임없이 바꾸어 나간다.

도시 인구가 고령화되고 1인 가구가 증가하는 추세에 맞춰, 자율 적응 도시는 기존의 차량 중심 도로를 보행자 친화적 공간으로 바꾸고, 소형 자율주행 셔틀 같은 새로운 이동 수단을 도입한다. 또한 지역 커뮤니티 기반의 건강관리 서비스를 강화하고, 노년층을 위한 맞춤형 사회 참여 프로그램을 확대하는 등 도시 전체를 점진적으로 재편해 나간다.

기후변화로 특정 지역의 침수가 예상되면, 해당 지역의 토지이용계획을 바꿔 공원이나 저류 시설로 전환하고, 주민들의 안전한 이주를 지원하며, 새로운 기후 조건에 맞는 건축 기준을 도입하는 등 장기적 관점에서 적응 전략을 세우고 실행한다.

회복력(Resilience): 지진, 홍수, 태풍 같은 자연재해나 글로벌 공급망 붕괴, 팬데믹, 핵심 인프라의 마비 등 극단적인 충격에 직면했을 때, 도시의 기본 기능을 최대한 유지하고 신속하게 복구하는 능력이다.

AI 기반 재난 예측 시스템은 잠재적 위험을 사전에 감지해 경고하고, 자율 응급 대응 시스템은 피해 발생 시 신속하고 효율적인 초기 대응을 가능하게 한다. 분산형 에너지 시스템이나 다중화된 통신망은 일부 시스템이 손상되어도 전체 기능이 마비되는 것을 방지한다.

공진화(Co-evolution): 이 책에서 가장 중요한 개념이다. 이는 도시와 시민, 그리고 기술이 함께 아름다운 춤을 추는 것과 같다.

불교 철학의 핵심인 연기(緣起) 사상은 세상에 홀로 존재하는 것은 아무것도 없으며, 모든 것이 서로 원인과 조건이 되어 관계의 그물망 속에서 함께 생겨나고 사라진다고 본다.

자율 적응 도시의 공진화는 바로 이 연기의 지혜를 도시 스케일에서 구현하는 것이다. 도시는 시민 없이 존재할 수 없고, 시민은 도시라는 공간 없이는 살아갈 수 없다. 기술은 이 둘을 연결하는 새로운 조건이 된다. 도시 시스템이 '이런 도로는 어떠세요?'라며 새로운 스텝(緣)을 제안하면, 시민들은 그 길을 걷고 자전거를 타며 자신들의 움직임(起)으로 화답한다. 기술은 이 모든 움직임의 데이터를 실시간으로 반영해, 다음번에는 더 편안하고 안전한 스텝을 제안하도록 도시를 더 똑똑하게 만든다. 이처럼 도시의 물리적 공간, 시민의 삶, 디지털 기술이 서로가 서로의 원인이자 조건이 되어 끊임없이 함께 변화하고 성장하는 과정, 이것이 바로 '살아 있는 공진화'이다.

현대 도시 문제 해결을 위한 새로운 패러다임

자율 적응 도시는 현대 도시가 직면한 복잡하게 얽힌 문제들에 대해, 과거의 수동적이고 단편적인 대응을 넘어 시스템 전체를 통합적으로 바라보며 미래의 위험과 기회를 선제적으로 관리하는 새로운 패러다임을 제시한다.

기후변화 및 환경 위기 대응: 실시간으로 도시 전역의 대기질, 수질, 소음, 열섬 현상 등을 정밀하게 모니터링하고, AI로 오염원의 발생과 확산 경로를 예측해 맞춤형 저감 대책을 자율적으로 시행한다. 스마트 그리드와 연계된 건물 에너지 관리 시스템은 에너지 수요를 정확히 예측하고 공급을 최적화하며, 다양한 신재생에너지원을 효율적으로 통합 관리해 탄소 중립 도시로의 전환을 가속화한다.

교통 혼잡 및 물류 시스템 개선: AI 기반 실시간 교통 데이터 분석 플랫폼이 도시 내 모든 교통수단의 움직임을 통합 관제하고, 미래 교통 상황을 예측해 신호 체계를 최적화한다. 자율주행 차량과 커넥티드카 기술로 차량 간 안전거리를 유지하고 급정거를 최소화해 교통 흐름의 효율성과 안전성을 극대화한다. 수요응답형 대중교통 시스템은 시민들의 실시간 이동 수요에 맞춰 노선이나 배차 간격을 유동적으로 조정한다.

도시 방재 시스템 고도화: AI 기반 재난 예측 및 조기 경보 시스템이 지진, 홍수, 산불 등의 발생 가능성과 예상 피해 범위를 수 시간에서 수일 전에 높은 정확도로 예측해 선제적인 주민 대피와 자원 배치를 가능하게 한다. 재난 발생 시에는 드론과 로봇이 위험 지역에 투입되어 신속하게 피해 상황을 파악하고 고립된 생존자를 수색한다.

자원 관리 효율화 및 순환 경제 전환: 도시 전역의 스마트 센서가 물, 에너지, 식량 등 핵심 자원의 생산, 분배, 소비 전 과정을 실시간으로 모니터링하고, 빅데이터 분석으로 숨겨진 낭비 요인을 찾아내 자원 배분 효율성을 극대화한다. 지능형 폐기물 관리 시스템은 쓰레기 발생량 예측부터 수거 경로 최적화, AI 기반 자동 분류까지 전 과정을 통합 관리해 진정한 순환 경제를 실현한다.

사회적 포용성 증진 및 거버넌스 혁신: 디지털 기술이 모든 시민에게 개인의 필요와 상황에 맞는 맞춤형 공공 서비스를 제공하고, 정보 접근성을 높여 디지털 격차를 해소한다. 개방형 데이터 플랫폼과 시민 참여 플랫폼은 도시 운영의 투명성을 높이고, 시민들이 정책 결정 과정에 직접 참여해 도시의 미래를 함께 만들어 갈 수 있는 민주적 거버넌스 환경을 조성한다.

1.2

세계의 미래 도시들은 무엇을 꿈꾸는가?

자율 적응 도시라는 개념을 더 깊이 이해하기 위해, 잠시 세계의 다른 도시들이 그리는 미래의 모습들을 살펴볼 필요가 있다. 지금 이 순간에도 세계 곳곳에서는 거대 기업과 국가들이 각자의 철학과 기술을 바탕으로 미래 도시의 프로토타입을 경쟁적으로 만들어 내고 있다. 이는 우리가 어떤 미래를 선택할 수 있는지 보여 주는 중요한 이정표이자, 우리가 경계해야 할 함정들을 미리 알려 주는 거울이 되기도 한다. 세계를 대표하는 몇 가지 사례를 통해 각기 다른 미래 도시의 꿈을 들여다본다.

세계의 미래 도시들

1) 일본의 우븐 시티(Woven City): 모빌리티를 위한 살아 있는 실험실

일본 도요타 자동차가 후지산 인근의 옛 공장 부지에 건설 중인 '우븐 시티'는 미래 도시 담론에 가장 큰 화두를 던진 프로젝트 중 하나다. 2021년 착공하여 2024년 10월 1단계 공사를 완료했으며, 2025년 가을부터는

도요타 직원과 가족 등 초기 주민 약 360명이 실제 거주를 시작하며 도시를 살아 있는 실험실로 만들 예정이다. 최종적으로는 2,000명 이상이 거주하게 된다.

우븐 시티의 가장 큰 특징은 도시 전체가 '모빌리티(이동성)'를 테스트하고 검증하기 위한 거대한 시험장이라는 점이다. 덴마크의 세계적인 건축가 비야르케 잉겔스(Bjarke Ingels)가 설계한 마스터플랜에 따라, 도로는 세 종류로 나뉜다. 첫째는 'e-팔레트'와 같은 완전 자율주행차가 다니는 길, 둘째는 자전거와 개인형 모빌리티를 위한 길, 그리고 마지막은 보행자 전용의 공원 같은 길이다. 이 세 종류의 길이 마치 천을 짜는 씨실과 날실처럼 엮여 있다고 해서 '우븐(Woven) 시티'라는 이름이 붙었다.

또한 이 도시는 목재를 주된 건축 자재로 사용하고 모든 건물의 지붕을 태양광 패널로 덮어 탄소 배출을 최소화하며, 로봇 기술을 활용해 주민들의 일상생활을 돕는 등 다양한 실험을 진행한다. 도요타는 이곳을 '모두의 행복(Well-being for All)'을 추구하는 인간 중심 도시라고 강조하며, 다양한 기업과 연구자들이 함께 새로운 기술과 서비스를 만들어 가는 '공동 창조의 장'으로 만들겠다고 밝혔다.

우븐 시티의 핵심 철학은 '하드웨어 중심의 실증도시'로 요약할 수 있다. 즉, 자율주행차, 로봇, 스마트홈 같은 새로운 기술과 제품을 실제 환경에서 사람들이 직접 사용해 보게 함으로써 문제점을 개선하고 완성도를 높여 가는 것을 최우선 목표로 삼는다. 도시 자체가 거대한 '베타 테스트' 공간이 되는 셈이다.

2) 구글의 사이드워크 토론토(Sidewalk Toronto): 데이터 최적화 도시의 꿈과 좌절

구글의 자매회사였던 사이드워크 랩스(Sidewalk Labs)가 캐나다 토론토의 부두 지역에 제안했던 미래 도시 프로젝트는 데이터 기반 도시의 가능성과 위험성을 동시에 보여 준 가장 중요한 사례다. 비록 2020년 5월, 과도한 데이터 수집에 대한 시민들의 프라이버시 침해 우려와 데이터 거버넌스 문제에 대한 사회적 합의 실패, 그리고 경제적 불확실성으로 인해 프로젝트는 공식적으로 무산되었다.

하지만 그들이 제안했던 비전은 여전히 많은 시사점을 준다. 사이드워크 랩스는 도시 곳곳에 설치된 센서에서 수집되는 방대한 데이터를 활용하여 도시 운영을 최적화하고자 했다. 예를 들어, 보행량에 따라 보도 폭이 바뀌고, 날씨에 따라 자동으로 펼쳐지는 차양을 설치하며, 소음이나 대기 질 같은 실시간 데이터에 따라 건물의 용도가 유연하게 바뀌는 '성과 기반 구역제(outcome-based zoning)'를 제안했다. 또한, 지하 터널을 통해 자율주행 로봇이 쓰레기를 수거하고 물품을 배송하며, 모든 건물은 친환경 목조 자재로 짓는 등 혁신적인 아이디어를 담고 있었다.

사이드워크 토론토의 핵심 철학은 '데이터 중심의 최적화 도시'였다. 이는 도시를 '인터넷처럼' 설계하여, 데이터를 통해 모든 비효율을 제거하고 완벽하게 최적화된 시스템을 만들겠다는 야심 찬 꿈이었다. 하지만 이 프로젝트의 좌절은 우리에게 중요한 교훈을 준다. 아무리 기술적으로 뛰어난 비전이라도, 데이터의 소유권과 사용 방식에 대한 투명한 거버넌스 체계와 시민들의 사회적 합의 없이는 도시가 결코 세워질 수 없다는 것이다.

3) 중국의 시티브레인(City Brain): AI 기반 도시 관제 시스템

중국의 미래 도시 접근법은 국가 주도의 강력한 리더십과 대규모 데이터 및 AI 기술의 전면적인 적용으로 대표된다. 알리바바 그룹이 2016년 항저우(Hangzhou)에서 시작한 '시티브레인(城市大腦, City Brain)' 프로젝트가 그 핵심이다. 이는 도시 전역의 CCTV, GPS, 센서 등에서 수집되는 방대한 데이터를 실시간으로 분석하여 도시 운영을 통제하는 거대한 AI 플랫폼이다.

시티브레인의 가장 유명한 성공 사례는 교통 관리 분야다. AI가 수백 개의 교차로 신호등을 실시간으로 제어하고, 교통사고 발생 시 1초 안에 상황을 인지하여 가장 가까운 경찰과 구급차에 출동 명령을 내린다. 이를 통해 항저우의 교통 체증을 획기적으로 개선하고, 응급 차량의 현장 도착 시간을 절반 가까이 단축시키는 성과를 거두었다. 이 시스템은 이후 공공 안전(방범), 의료, 환경 관리 등 도시 운영의 다른 영역으로 빠르게 확장되고 있다.

시티브레인이 보여 주는 철학은 'AI 중심의 관제도시'이다. 이는 도시를 하나의 거대한 유기체로 보고, 강력한 중앙 AI 두뇌를 통해 모든 활동을 효율적으로 통제하고 관리하여 질서를 유지하는 것을 최우선 가치로 삼는다. 이는 매우 높은 효율성을 보여 주지만, 동시에 막대한 데이터 수집에 따른 국가 차원의 감시와 통제 강화라는 윤리적 문제를 제기하기도 한다.

4) 미국의 스마트시티 챌린지: 문제 해결 중심의 도시 혁신

미국은 연방정부가 하나의 통일된 모델을 제시하기보다, 각 도시가 당면한 문제를 해결하기 위해 경쟁하고 협력하는 분산적인 접근 방식을 취한다. 2016년 미국 교통부가 주최한 '스마트시티 챌린지(Smart City Challenge)'가 대표적이다. 이 경진대회에서 77개 도시가 경쟁한 끝에, 오하이오주의 콜럼버스(Columbus)가 최종 우승하여 5천만 달러의 지원금을 받았다.

콜럼버스의 제안은 거대 담론이 아니라, '교통 약자의 이동권 보장'과 '물류 효율화'라는 구체적인 문제 해결에 집중했다. 주요 프로젝트로는 저소득층 임산부들이 병원에 쉽게 갈 수 있도록 지원하는 통합 교통 앱, 도심과 주거지를 연결하는 자율주행 셔틀 운행, 그리고 V2X 통신 기술을 활용하여 응급 차량의 신속한 이동을 돕고 화물 트럭의 도심 통과 시간을 줄이는 것 등이 포함되었다.

콜럼버스의 사례는 '문제 해결 중심의 형평도시'라는 접근법을 보여 준다. 이는 기술 자체를 과시하는 것이 아니라, 기술을 통해 교통 소외, 영아 사망률과 같은 도시의 가장 아픈 사회 문제를 해결하고 시민의 삶의 질을 실질적으로 개선하는 것을 목표로 한다. 이는 가장 실용적이고 인간 중심적인 접근 방식 중 하나라고 평가할 수 있다.

5) 유럽연합(EU)의 100개 기후중립-스마트 도시 미션

유럽연합(EU)은 특정 기업의 프로젝트가 아닌, 대륙 전체의 정책적 목표를 바탕으로 미래 도시를 추진하고 있다. 호라이즌 유럽 프로그램의 일환인 이 미션의 목표는 2030년까지 유럽 내 100개의 도시를 '기후 중립(탄소 순 배출 제로)'과 '스마트'한 도시로 전환하고, 이 도시들을 혁신 허브로 삼아 2050년까지 모든 유럽 도시가 그 뒤를 따르게 하는 것이다.

이 미션의 특징은 특정 기술을 강요하는 하향식이 아니라, 각 도시의 실제 필요에 기반한 상향식 접근을 취한다는 점이다. 미션에 선정된 112개의 도시들은 에너지, 건물, 폐기물, 교통 등 도시의 모든 부문을 아우르는 기후 중립 계획과 투자 계획을 담은 '기후 도시 계약(Climate City Contracts)'을 수립하고, EU와 중앙정부, 그리고 시민들의 지원을 받아 이를 실행한다. 특히, 모든 과정에서 시민 참여를 핵심적인 성공 요인으로 강조한다.

EU 미션의 핵심 철학은 '정책 중심의 기후중립도시'라고 할 수 있다. 즉, '기후 위기 대응과 지속 가능성'이라는 명확한 정책 목표를 설정하고, 스마트 기술을 그 목표를 달성하기 위한 구체적인 '도구'로 활용하는 접근 방식이다. 이는 개별 도시의 기술적 실험을 넘어, 대륙 전체의 생존을 위한 거대한 정책적 연대에 가깝다.

자율 적응 도시, 무엇이 다른가?

그렇다면 이 책에서 제시하는 자율 적응 도시는 이들과 무엇이 다를까?

구분	핵심 철학	주도 주체	주요 목표
우븐 시티 (일본)	하드웨어 중심 실증	민간 기업 (도요타)	신 모빌리티, 로봇 기술의 현실 검증
사이드워크 토론토 (캐나다)	데이터 중심 최적화	민간 기업 (구글)	데이터 기반 도시 운영 효율 극대화
시티브레인 (중국)	AI 중심 관제	민간-정부 협력 (알리바바-항저우시)	AI를 통한 도시 시스템 통제 및 질서 유지
스마트시티 챌린지 (미국)	문제 해결 중심 형평	정부-민간-지역 사회 협력	교통 약자 등 사회 문제의 실질적 해결
EU 100개 도시 미션	정책 중심 기후 중립	초국가 기구 (EU)	2030년까지 탄소 순 배출 제로 달성

위 표에서 보듯, 세계의 미래 도시들은 각각 모빌리티 하드웨어, 데이터, AI 관제, 사회 문제, 기후 정책이라는 뚜렷한 '핵심 목표'를 가지고 있다. 반면, 자율 적응 도시는 그 모든 것을 포괄하는 더 상위의 개념, 즉 도시 자체의 '운영 시스템(OS)'이자 '진화 방식'에 초점을 맞춘다.

자율 적응 도시는 특정 문제(교통, 환경 등)를 해결하기 위한 '솔루션'이 아니다. 이는 어떤 종류의 문제가 닥치든, 도시 시스템이 스스로 그 문제를 인지하고, 학습하며, 다양한 해결책을 시도하고, 그 과정에서 얻은 경험을 통해 스스로의 구조와 작동 방식을 바꿔 나가는 도시의 내재적인 '적응 능력'과 '진화 메커니즘' 그 자체를 의미한다.

이 차이를 만드는 핵심이 바로 1장에서 강조하는 '공진화(Co-evolution)'의 개념이다. 자율 적응 도시는 단순히 똑똑한 기술을 시민에게 '제공'하는 도시가 아니라, 시민들의 삶과 요구에 맞춰 기술과 인프라, 거버넌스가 함께 리듬을 타며 끊임없이 변화하고 성장하는, 살아 있는 유기체와 같다. 따라서 자율 적응 도시는 우븐 시티처럼 '살아 있는 실험실'이 될 수도 있고, EU의 도시들처럼 '기후 중립'을 최우선 목표로 삼을 수도 있다. 중요한 것은 그 목표를 달성해 나가는 과정에서 도시 스스로가 배우고 성장하는 '자율적 적응 능력'을 갖추고 있느냐 하는 점이다. 이것이 바로 이 책이 제시하는 미래 도시의 가장 핵심적인 차별점이다.

이처럼 세계의 미래 도시들은 각기 다른 철학과 목표를 가지고 있지만, 우리는 흔히 이 모든 노력을 뭉뚱그려 '스마트 도시'라고 부르기도 한다. 하지만 이 '스마트'라는 단어는 종종 기술의 효율성만을 강조한 나머지, 도시의 진정한 목표인 시민의 행복과 공동체의 가치를 간과하는 함정을 내포한다.

그렇다면 이 책에서 말하는 '자율 적응 도시'는 그저 더 발전된 스마트 도시의 또 다른 이름일 뿐일까? 아니면 도시를 바라보는 관점 자체가 다른, 근본적으로 새로운 패러다임일까? 이 중요한 질문에 답하기 위해, 우리는 먼저 '스마트 도시'라는 개념이 어떻게 시작되었고 그 성과와 한계는 무엇인지 명확히 살펴볼 필요가 있다. 다음 절에서는 바로 그 스마트 도시에서 자율 적응 도시로의 진화 과정을 짚어 본다.

1.3

자율 적응 도시로의 진화

기존 스마트 도시와의 차별점

스마트 도시는 정보통신기술(ICT)을 도시 인프라와 서비스에 접목해 도시 운영의 효율성을 높이고 시민들의 삶의 질을 향상하는 데 중요한 기여를 해 왔다. 스마트 교통 시스템, 스마트 가로등, 지능형 CCTV, 스마트 홈 등이 대표적인 예다.

하지만 기존 스마트 도시는 주로 기술 공급자 중심의 하향식 접근이나, 교통·에너지·행정 등 개별 시스템의 효율성 향상에 국한된 사일로형 최적화에 머무르는 경우가 많았다. 이로 인해 도시 전체를 아우르는 통합적 지능을 발휘하거나, 예측 불가능한 복잡한 환경 변화에 능동적으로 대응하는 데는 한계를 보여 왔다.

이러한 한계 속에서 최근에는 '스마트 도시'를 넘어 'AI 시티(AI City)'라는 개념이 부상하고 있다. 이는 단순히 ICT 기술을 활용하는 수준을 넘어, 도시 운영 시스템의 핵심에 인공지능을 전면적으로 도입하여 도시 전체의 지능화를 추구하는, 한 단계 더 진화한 모델이다. AI 시티의 등장은 Urban AI라는 새로운 융합 학문 분야의 발전에 기반하고 있다. Urban AI는 도시의 복잡성, 데이터의 이질성, 그리고 공간적 특수성을 이해하고, 도시 문제 해결에 특화된 AI 모델을 개발하는 분야다. 즉, Uran AI가 AI 시티를 구현하기 위한 핵심 기술이자 방법론이라면, AI 시티는 그 기술이 구현된 도시의 형태를 의미한다.

그렇다면 이 책에서 제시하는 '자율 적응 도시'는 AI 시티와 어떻게 다를까? 자율 적응 도시는 AI 시티의 비전을 수용하되, 거기서 한 걸음 더 나아간다. 단순히 '지능(Intelligence)'의 극대화에만 초점을 맞추는 것을 넘어, 도시 시스템 스스로 판단하고 진화하는 '자율성(Autonomy)'과 예측 불가능한 변화에 유연하게 대처하는 '적응성(Adaptability)', 그리고 그 모든 과정의 중심에 인간과 기술의 '공진화(Co-evolution)'가 있어야 함을 강조하는, 보다 통합적이고 철학적인 모델이다.

자율 적응 도시는 도시 전체를 상호 연결되고 상호 의존하는 하나의 통합된 유기체로 인식한다. 단순히 기술로 도시를 '똑똑하게' 만드는 것을 넘어, 도시가 스스로 '생각하고', '학습하며', 변화하는 환경에 맞춰 끊임없이 '적응하는' 능력을 갖추는 것이 목표다.

구분	스마트 도시	자율 적응 도시
주요 목표	효율성 증대, 서비스 개선, 운영 비용 절감	자율성, 적응성, 회복력, 지속가능성 확보를 통한 도시 시스템의 근본적 혁신
접근 방식	기술 중심, 개별 시스템 최적화, 공급자 주도, 하향식	시스템 전체 최적화, 하위 시스템 간 유기적 상호작용, 지속적 학습 및 진화, 시민 중심

데이터 활용	주로 과거 데이터 기반 분석, 현재 상황 인지, 단방향적 서비스 제공	과거와 현재의 방대한 데이터를 실시간 융합 분석해 미래 예측, 자율적 최적 대안 선택 및 실행
시스템 특징	연결성, 자동화, 정보화	자가 학습, 자가 조직화, 자가 치유, 예측 기반 능동적 대응 등 살아 있는 유기체적 특성
인간의 역할	주로 서비스의 수동적 사용자, 데이터 제공자	도시 시스템의 능동적 참여자, 데이터의 공동 생산자, 새로운 가치의 공동 창조자

결국 스마트 도시가 주로 ICT 기술을 활용한 '효율성'과 '편의성' 증진에 초점을 맞춰 왔다면, 자율 적응 도시는 도시 전체 시스템의 '자율적 판단', '능동적 학습', 그리고 예측 불가능한 변화에 대한 '유연한 적응' 능력을 핵심으로 삼는다. 이는 단순한 기술적 업그레이드가 아닌, 도시 운영 철학의 진화이자 도시와 인간의 관계를 재정립하는 패러다임의 전환을 의미한다.

자율성과 적응성의 중요성

현대 도시는 전례 없는 속도와 규모로 변화하는 극도로 복잡하고 예측하기 어려운 환경에 놓여 있다. 기후변화로 인한 극단적 기상 현상, 새로운 변종 바이러스의 출현과 팬데믹 위협, 인공지능과 생명공학 등 파괴적 혁신 기술의 급격한 발전, 글로벌 공급망의 불안정성과 지정학적 갈등, 그리고 가짜 뉴스와 극단주의 확산으로 인한 사회적 갈등 등이 도시 시스템에 지속적이고 다층적인 도전을 안겨 주고 있다. 이런 복합적 도전 앞에서 기존의 하향식, 분절적 도시 관리 시스템은 종종 변화의 속도를 따라

가지 못한다. 바로 이 지점에서 도시 스스로 문제를 진단하고 해결책을 찾아 진화하는 자율성과 적응성을 갖춘 도시 모델이 절실한 대안으로 떠오른다.

앞서 살펴보았듯 자율성이란, 대규모 정전 시 스스로 전력망을 복구하는 것처럼 도시가 인간의 즉각적인 개입 없이 최적의 해결책을 찾아 실행하는 능력이다. 또한 적응성이란, 고령화 같은 장기적 변화에 맞춰 도로와 서비스를 점진적으로 재편하는 것처럼, 도시가 스스로 구조와 정책을 유연하게 바꿔 나가는 능력이다.

이처럼 자율성과 적응성은, 예측 불가능한 미래의 다양한 위협에 효과적으로 대처하고 새로운 기회를 포착하며, 궁극적으로 모든 시민에게 더 나은 삶의 터전을 제공하는 핵심 동력이다. 이는 단순한 기술적 목표를 넘어, 도시라는 복잡한 유기체가 끊임없이 변화하는 세상에서 생명력을 유지하고 번영하기 위한 근본적인 생존 역량이자 진화의 동력이다.

1.4

책의 목적과 구성

배경과 목표

우리는 지금 도시 역사상 가장 극적인 변화의 순간을 살고 있다. 한편으로는 인공지능, 빅데이터, 로봇공학이 상상을 초월하는 속도로 발전하고 있고(2장, 9.1절), 다른 한편으로는 기후변화, 자원 고갈, 팬데믹, 심화되는 불평등이라는 전례 없는 도전에 직면해 있다(7장, 10장).

이런 상황에서 기존의 도시 개발과 관리 방식은 한계를 드러내고 있다. 중앙 집권적이고 경직된 시스템으로는 더 이상 복잡하고 급변하는 도시 문제를 해결할 수 없다는 것이 명백해졌다. 그래서 우리에게는 근본적으로 새로운 접근이 필요하다.

이 책은 바로 그 대안으로 떠오르고 있는 '자율 적응 도시'에 관한 이야기를 통해 미래 도시의 새로운 모습을 그려 보고자 한다.

목표는 단순히 기술을 소개하는 것이 아니다. 자율 적응 도시가 가져올 사회경제적 변화와 윤리적 문제까지 포괄적으로 다루며, 지속 가능하고 인간 중심적인 미래 도시를 만들기 위한 현실적인 로드맵을 제시하려고 한다.

구체적인 목표들

① 자율 적응 도시란 무엇인가?

자율 적응 도시의 정의를 제시하고, 핵심 요소인 자율성, 적응성, 회복력, 공진화의 개념을 쉽게 설명한다. 기존 스마트 도시와는 어떻게 다른지도 다각도로 살펴본다(1장).

② 어떻게 움직이는가? 기술과 인프라

인공지능, 사물인터넷, 디지털 트윈 등 핵심 기반 기술들의 원리를 분석하고(2장), 이런 기술들이 교통, 에너지, 물, 건축 등 도시의 물리적 인프라를 어떻게 살아 움직이게 하는지 생생한 사례로 보여 준다(3장).

③ 누가, 어떻게 운영하는가? 거버넌스

데이터 기반 의사결정, 시민 참여 플랫폼, 새로운 규제 프레임워크, 그리고 프라이버시와 보안 등 미래 도시의 '운영체제'를 다룬다(4장).

④ 우리의 삶은 어떻게 바뀌는가? 사회경제적 영향

새로운 경제 모델과 노동 시장의 진화, 그리고 디지털 격차와 사회적 형평성 확보라는 중요한 사회경제적 파급 효과를 심층 탐구한다(5장).

⑤ 우리는 행복할 수 있을까? 도시 심리와 웰빙

똑똑한 도시가 과연 행복한 도시인지 질문을 던지고, 기술이 인간의 정신 건강과 공동체에 미치는 영향을 분석하며 디지털 웰빙을 위한 도시 설계 원칙을 탐구한다(6장).

⑥ 어떻게 살아남을 것인가? 지속가능성과 회복력

기후변화와 재난이라는 위협 앞에서 탄소 중립, 순환 경제, AI 기반 재난 예측 등을 통해 도시가 스스로를 치유하고 생존하는 전략을 제시한다(7장).

⑦ 누가 만들어 가고 있는가? 현실의 사례와 시민의 역할

세계 선도 도시들의 실제 사례를 통해 성공 요인을 배우고(8장), 나아가 미래 도시의 진정한 주인은 시민임을 역설하며 우리 스스로 '시민 도시 계획가'가 되는 구체적인 방법을 제시한다(9장).

⑧ 궁극적으로 무엇을 향해 가는가? 도전, 비전, 그리고 제언

우리가 넘어야 할 현실적 도전과 한계들을 진단하고(10장), 그럼에도 불구하고 2050년을 향해 나아가야 할 인간 중심의 장기 비전을 그리며(11장), 마지막으로 우리 모두를 위한 구체적인 행동을 제안하며 대장정을 마무리한다(12장).

독자를 위한 가이드

이 책은 다양한 독자층을 염두에 두고 썼다. 도시 계획가, 정책입안자, 기술 전문가, 학자와 연구자, 그리고 미래를 준비하는 학생들뿐만 아니라, 우리가 살아갈 미래 도시에 관심 있는 모든 분들을 위한 안내서다.

각 장은 자율 적응 도시의 핵심 개념부터 구체적 기술, 인프라, 거버넌스, 사회경제적 영향, 미래 비전까지 체계적으로 다루고 있다.

장별 구성

제1장 왜 도시는 스스로 진화해야 하는가? 새로운 패러다임의 등장 배경과 핵심 개념을 소개하고, 기존 스마트 도시와의 차별점을 명확히 한다. 이 책이 다룰 주요 내용과 전체 구조를 안내해 앞으로의 여정을 준비할 수 있게 한다.

제2장 도시의 몸을 깨우는 영혼: 기술적 토대 도시를 살아 숨 쉬게 하는 AI와 기계학습, 도시의 감각기관인 IoT와 센서 네트워크, 도시의 기억과 판단을 담당하는 빅데이터와 클라우드/엣지 컴퓨팅, 현실과 가상을 융합하는 도시 사이버 물리 시스템과 디지털 트윈 등 핵심 기반 기술들의 원리와 상호작용을 상세히 설명한다.

제3장 살아 있는 인프라: 도시의 혈관은 어떻게 흐르는가? 도시의 혈관이자 골격인 물리적 인프라가 첨단 기술과 만나 어떻게 변화하는지 살펴본다. 자율주행 기반 지능형 교통, 스마트 그리드와 신재생에너지 중심의 에너지 관리, IoT와 AI를 활용한 수자원 관리, 유연하게 대응하는 모듈형 건축과 지속 가능한 녹색 인프라 등을 구체적 사례와 함께 제시한다.

제4장 보이지 않는 도시의 운영체제: 거버넌스 실시간 데이터 기반의 투명하고 효율적인 의사결정, 디지털 플랫폼을 통한 시민 참여 확대, 혁신 촉진과 안전 보장을 동시에 추구하는 새로운 정책 및 규제 프레임워크, 개인정보보호와 사이버 보안 등 미래 도시 거버넌스의 핵심 과제와 해법을 논의한다.

제5장 우리의 삶은 어떻게 재편되는가: 사회경제적 대전환 데이터 기반 경제 모델과 공유경제 확산, 혁신 기술 중심의 새로운 산업 생태계, 자동화와 AI가 가져올 노동시장 변화와 미래 일자리, 디지털 격차와 사회적 형평성 확보라는 중요한 사회경제적 파급 효과를 심층 탐구한다.

제6장 도시의 온도, 사람의 마음: 디지털 시대의 도시 심리학과 웰빙 편리하고 효율적인 도시가 과연 행복한 도시인지 질문을 던진다. 기술이 인간의 정신 건강과 공동체에 미치는 영향을 심리학적 관점에서 분석하고, 디지털 웰빙을 위한 도시 설계의 원칙을 탐구한다.

제7장 도시의 생존법: 지속가능성과 회복력 기후변화 대응을 위한 탄소 중립 도시 설계와 극한 기후 적응 전략, 자원 효율성과 순환경제 시스템 구축, AI와 빅데이터를 활용한 재난 예측 및 자율적 응급 대응을 통해 도시의 환경적, 경제적, 사회적 지속 가능성과 시스템 회복력을 동시에 높이는 방안을 모색한다.

제8장 미래는 이미 와 있다: 세계 도시들의 위대한 실험 싱가포르, 암스테르담, 도쿄 같은 글로벌 선도 도시들의 성공 정책과 혁신 프로젝트, 사우디아라비아 네옴시티 같은 미래형 신도시의 실험, 중소도시들의 창의적 적용 사례들을 통해 실질적 교훈과 영감을 제공한다.

제9장 도시의 주인을 찾아서: 시민 도시 계획가 시대의 개막 미래 도시

의 진정한 주인은 시민임을 역설한다. 리빙랩, 시민 과학, 참여 예산제 등 평범한 시민이 도시를 직접 설계하고 만들어 가는 '시민 도시 계획가'가 되는 구체적인 방법과 실제 사례들을 제시한다.

제10장 유토피아의 그림자: 우리가 넘어야 할 세 개의 관문 막대한 초기 투자 비용과 시스템 통합 문제, 사이버 위협과 데이터 보안 취약성, 감시 사회 우려와 프라이버시 침해 가능성, 기술 접근성 불평등과 디지털 소외, 자금 조달 어려움과 공공-민간 협력 딜레마, 기존 질서의 저항과 규제 개혁 지연 등을 냉철하게 진단하고 극복 방안을 모색한다.

제11장 2050년, 도시의 꿈: 인간과 기술의 가장 아름다운 조우 차세대 AI, 6G 이후 통신, 양자컴퓨팅, 고도 지능화된 도시 로보틱스가 자율 적응 도시의 미래를 어떻게 변화시킬지 전망한다. 글로벌 협력과 국제 표준화의 중요성을 강조하며, 2050년을 향한 지속 가능하고 인간 중심적인 자율 적응 도시의 장기 비전을 제시한다.

제12장 새로운 항해를 시작하는 당신에게 핵심 내용을 요약하고, 자율 적응 도시가 단순한 기술적 유토피아가 아니라 인간과 도시, 환경이 함께 공진화하는 살아 있는 시스템임을 강조한다. 정책입안자, 기업, 시민 각자가 실천할 수 있는 구체적 행동을 제안하며, 새로운 도시 시대의 시작을 함께 준비한다.

각 장은 이론에 그치지 않고 풍부한 국내외 실제 사례, 최신 연구와 통계 자료, 각 분야 전문가들의 깊이 있는 통찰을 담아 독자들의 입체적 이해를 돕고자 했다. 이 책을 통해 독자 여러분이 미래 도시의 무한한 가능성을 탐색하고, 자율 적응 도시의 여정에 적극적으로 동참하는 계기가 되기를 진심으로 바란다.

2.

도시의 몸을 깨우는 영혼: 기술적 토대

자율 적응 도시는 단순한 미래의 꿈이 아니다. 인공지능(AI), 사물인터넷(IoT), 빅데이터, 클라우드 및 엣지 컴퓨팅, 그리고 이 모든 기술을 통합하는 사이버 물리 시스템(CPS)과 디지털 트윈(Digital Twin) 기술이 정교하게 결합되어야만 현실이 될 수 있다.

이런 첨단 기술들은 도시를 완전히 새로운 차원으로 변화시킨다. 과거 도시가 단순한 물리적 공간이었다면, 이제는 스스로 학습하고 환경 변화에 지능적으로 반응하며 끊임없이 진화하는 살아 있는 유기체가 된다. 마치 생명체가 외부 자극에 반응하고 경험을 통해 성장하듯, 자율 적응 도시도 데이터를 양분으로 삼고 기술을 신경계로 활용해 스스로를 최적화해 나간다.

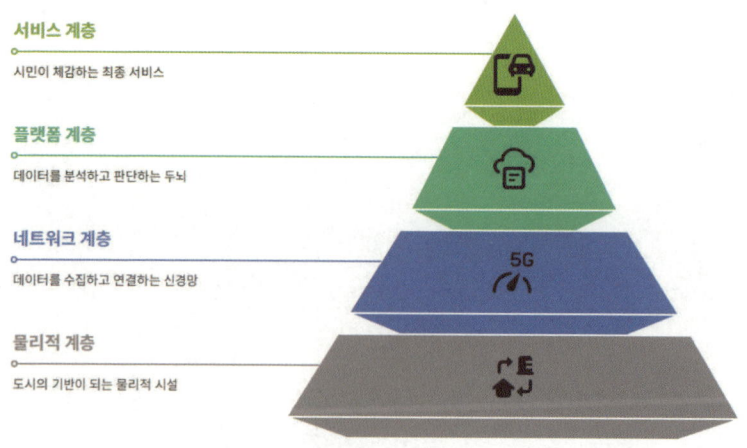

자율 적응 도시의 4계층 인프라 아키텍처

이 장에서는 자율 적응 도시의 핵심 구성 요소들을 하나씩 살펴보고자 한다. IoT는 도시의 지능형 신경망 역할을, AI는 중앙 처리 두뇌 역할을, 빅데이터와 클라우드는 방대한 기억 장치 역할을 담당한다. 그리고 CPS와 디지털 트윈은 현실과 가상을 연결하는 통합 시스템으로 작동한다. 이들이 어떻게 상호작용하여 도시 전체의 자율성과 적응성을 극대화하는지 구체적으로 살펴보겠다.

2.1

도시의 두뇌: 예측하고 판단하는 인공지능

　자율 적응 도시를 거대한 생명체에 비유한다면, 인공지능(AI)과 기계학습은 그 지능을 관장하는 '두뇌'라고 할 수 있다. 하지만 이는 하나의 중앙 컴퓨터가 모든 것을 통제하는 공상과학 영화 속 장면과는 거리가 멀다. 오히려 도시의 AI는 수많은 신경절들이 네트워크로 연결되어 집단적 지성을 발휘하는 문어의 '분산된 뇌'에 더 가깝다. 도시 곳곳에 퍼져 있는 작은 AI들이 서로 소통하고 협력하며, 중앙의 통제 없이도 전체적인 질서와 최적의 상태를 만들어 내는 것이다. 핵심은 '중앙 통제'가 아닌, 네트워크 전체에 퍼져 있는 '분산된 지능'이다. AI는 도시 전역의 센서와 시스템에서 실시간으로 쏟아지는 방대한 데이터를 분석한다. 인간의 오감과 같은 역할을 하는 이 데이터들을 통해 복잡한 패턴을 찾아내고 미래 상황을 예측한다.

　이를 바탕으로 도시 운영의 효율성을 높이고, 잠재적 문제를 미리 감지하며, 교통 흐름 제어나 에너지 분배, 재난 대응 같은 복합적 상황에서 최적의 의사결정을 내린다.

나아가 도시의 AI는 단순히 주어진 데이터를 분석하여 예측하는 수준을 넘어, 이제는 스스로 목표를 설정하고 복잡한 과업을 자율적으로 수행하는 '에이전트 AI(Agent AI)'로 진화하고 있다. 이는 여러 AI 모델과 외부 도구를 능동적으로 활용하여 다단계 추론과 실행을 반복하는 주체적인 행위자로서의 AI를 의미한다. 예를 들어, 과거의 AI가 '교통 체증'을 예측하는 데 그쳤다면, 에이전트 AI는 교통 체증 해소라는 목표 아래, 자율적으로 대중교통 배차를 조정하고, 공유 모빌리티의 요금을 탄력적으로 변경하며, 에너지 그리드 관리 에이전트와 통신하여 전기차 충전 수요 변화에 미리 대비하는 등 복합적인 과업을 스스로 수행한다.

또한, 생성형 AI(Generative AI) 기술은 도시 계획과 운영에 새로운 차원의 창의성을 부여한다. 특정 지역의 인구 통계, 환경 데이터, 건축 규제 등을 바탕으로 최적의 주거 단지 설계안이나 공원 디자인 시안을 수백 가지 생성하여 제시함으로써, 인간 계획가가 미처 생각하지 못했던 혁신적인 아이디어를 탐색할 기회를 제공한다. 이는 도시 문제 해결의 패러다임을 '최적화'에서 '창조적 생성'으로 확장시키는 중요한 변화다.

도시 데이터 분석과 예측 모델

AI의 가장 강력한 능력은 도시라는 복잡한 시스템 내부의 숨겨진 관계를 파악하고 미래를 예측하는 것이다. 교통 흐름, 에너지 소비 패턴, 대기 오염 확산, 질병 발생 추이 등 도시에서 일어나는 거의 모든 현상이 AI 분석의 대상이 된다.

예를 들어, 과거 수년간의 교통량 데이터와 현재 도로의 실시간 영상,

요일과 날씨, 주변 이벤트 정보를 종합해 AI는 30분 후 특정 도로의 교통 체증을 90% 이상의 정확도로 예측할 수 있다. 단순히 '차가 막힐 것이다'라는 막연한 예측이 아니라, 정체가 시작될 정확한 지점과 지속 시간, 그리고 주변 도로에 미칠 영향까지 구체적으로 제시한다.

이런 예측 모델은 도시 관리 패러다임을 '사후 대응'에서 '사전 예방'으로 바꾼다. 문제가 발생하기 전에 자원을 최적의 장소에 미리 배치하고 선제적으로 대응함으로써 도시 운영의 안정성과 회복력을 한 차원 높인다.

자율적 의사결정 시스템

AI는 데이터 분석과 예측을 넘어, 도시 시스템이 스스로 판단하고 즉각 대응할 수 있게 하는 핵심 동력이다. 인간의 두뇌가 다양한 감각 정보를 종합해 빠르게 행동을 결정하는 것처럼, 도시의 AI 시스템도 수집된 정보를 바탕으로 최적의 행동 방침을 스스로 결정하고 실행한다.

지능형 교통 시스템을 예로 들어 보자. 이 시스템은 개별 교차로의 신호를 최적화하는 것을 넘어, 도시 전체의 교통 흐름을 하나의 거대한 네트워크로 보고 수십, 수백 개의 교차로 신호를 유기적으로 연동해 제어한다. 특정 구간에서 돌발 사고가 발생하면 즉시 해당 지역의 신호 주기를 변경해 차량 진입을 억제하고, 동시에 주변 도로의 신호 체계를 조정해 우회 차량이 원활하게 소통되도록 돕는다.

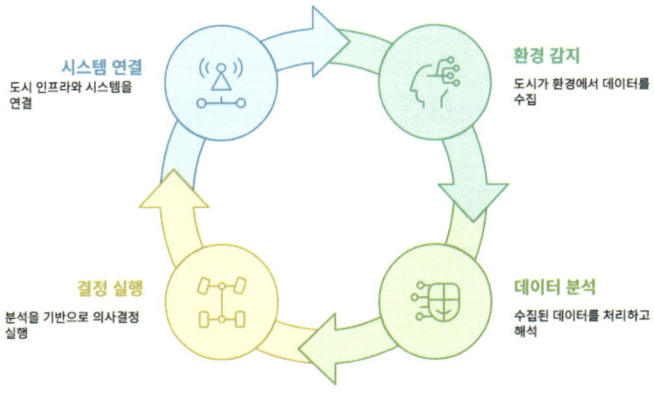

도시 관리를 위한 적응형 사이클

　상수도관 누수 감지 시스템도 마찬가지다. 미세한 압력 변화를 감지해 누수 지점을 정확히 찾아내고 밸브를 자동으로 차단해 수자원 낭비를 막는다. 동시에 수리팀에게 정확한 위치와 예상 피해 규모 정보를 전달해 신속한 복구를 지원한다.

　이는 단순히 도시 운영을 효율화하는 것을 넘어, 시민들의 출퇴근 스트레스와 불필요한 시간 낭비를 줄이고, 예기치 못한 재난으로부터 생명과 재산을 보호하는 데 핵심 가치가 있다.

　물론 AI의 자율적 결정이 가져올 수 있는 윤리적 문제나 책임 소재에 대한 사회적 합의와 제도적 장치 마련은 중요한 과제다. 특히 방대한 시민 데이터 수집에 따른 프라이버시 침해, 특정 계층에 불리하게 작용할 수 있는 알고리즘 편향성, 의사결정 과정의 투명성 확보는 시민의 신뢰를 얻기 위해 반드시 해결해야 할 핵심 쟁점이다.

2.2

도시의 신경망: 사물인터넷(IoT)과 센서 네트워크

AI가 자율 적응 도시의 두뇌라면, 사물인터넷(IoT) 기술과 센서 네트워크는 도시 전체에 뻗어 있는 정교한 신경망이다. 이 신경망은 도시의 모든 물리적 요소들 - 도로, 건물, 교량, 가로등, 교통수단, 에너지 시설, 상하수도관 등 눈에 보이는 인프라는 물론, 공기, 물, 소음 같은 환경 요소까지 실시간으로 감지하고 데이터를 수집한다.

수집된 방대하고 세밀한 실시간 데이터는 중앙 시스템이나 분산된 엣지 노드로 전달되어, AI가 도시의 현재 상태를 정확하게 파악하고 미래를 예측하며 최적의 의사결정을 내리는 데 필수적인 기초 자료가 된다.

실시간 도시 모니터링과 데이터 수집

자율 적응 도시의 가장 기본적 기능은 도시 상태를 실시간으로 상세하게 파악하는 것이다. 이를 위해 도시 곳곳에는 다양한 종류의 IoT 센서들이 촘촘하게 설치된다.

대기질 센서는 미세먼지와 오존 농도를, 소음 센서는 소음 수준 변화를, 스마트 미터는 각 가정과 건물의 에너지 및 물 사용량을, 도로의 교통량 감지 센서는 차량 흐름을 즉각 파악한다. 교량이나 노후 건축물에는 구조물의 미세한 진동이나 균열을 감지하는 센서가 부착되어 붕괴 위험을 미리 경고하고, 하천과 저수지에는 수위 센서가 설치되어 홍수 위험을 실시간으로 알린다.

기후변화 적응을 위한 센서의 역할도 중요해지고 있다. 폭염에 대응하기 위해 도시 내 주요 녹지 공간의 토양 습도를 측정해 물을 자동으로 공급하는 스마트 관개 시스템, 해수면 상승에 대비해 해안가의 침식 및 제방 상태를 모니터링하는 센서 등이 그 예다.

스페인 바르셀로나의 'CityOS' 플랫폼은 좋은 사례다. 스마트 쓰레기통에 쓰레기 적재량을 감지하는 센서를 부착해, 가득 찬 쓰레기통만 골라 수거하는 최적 동선을 환경미화원에게 제공한다. 이는 단순히 미관을 개선하는 것을 넘어, 불필요한 연료 소비와 탄소 배출, 인력 낭비를 줄여 상당한 운영 비용 절감 효과를 가져온다.

이런 센서 네트워크는 마치 도시의 오감처럼 작동해, 도시의 현재 상태를 다각적이고 입체적으로 파악하고 문제 발생 시 즉각적 대응을 가능하게 한다.

스마트 인프라와의 통합

IoT 기술은 단순히 데이터를 수집하는 것을 넘어, 도시의 전통적 물리적 인프라를 지능적이고 상호작용이 가능한 '스마트 인프라'로 전환시킨다.

스마트 가로등은 주변 밝기나 보행자, 차량의 움직임을 감지해 조명 밝기를 자율적으로 조절하여 에너지를 최대 70%까지 절약한다. 더 나아가 이제 가로등은 단순한 조명 기구를 넘어 공공 와이파이 접속 지점, 대기질 측정 센서, 소음 측정기, CCTV, 전기차 충전소, 비상벨, 디지털 광고판 등 다양한 기능을 탑재한 '다기능 플랫폼'으로 진화하고 있다.

스마트 주차 시스템은 주차 공간의 실시간 정보를 운전자의 스마트폰 앱으로 제공해 불필요한 배회 운전을 줄이고 도심 교통 혼잡과 대기오염을 완화한다.

이처럼 IoT는 도시의 모든 인프라에 지능을 부여해 스스로 환경에 반응하고 최적화되도록 만들어, 도시의 지속가능성과 효율성을 극대화한다.

2.3

도시의 기억과 반사신경:
빅데이터와 클라우드 & 엣지 컴퓨팅

자율 적응 도시가 매 순간 생성하고 수집하는 데이터의 양은 상상을 초월한다. 이런 방대한 규모의 데이터를 효과적으로 저장하고 신속하게 처리하며, 의미 있는 정보와 통찰력을 추출하기 위해서는 고도화된 빅데이터 기술과 강력한 컴퓨팅 인프라가 필수다. 여기서 클라우드 컴퓨팅은 도시의 모든 경험과 지식을 축적하고 깊이 사유하는 '대뇌 피질'처럼 장기적인 기억과 복합적 분석을 담당하고, 엣지 컴퓨팅은 위험을 감지했을 때 즉시 몸을 피하는 '척수 반사'처럼 현장에서의 즉각적인 판단과 반응을 책임지는 도시의 '반사신경' 역할을 수행한다.

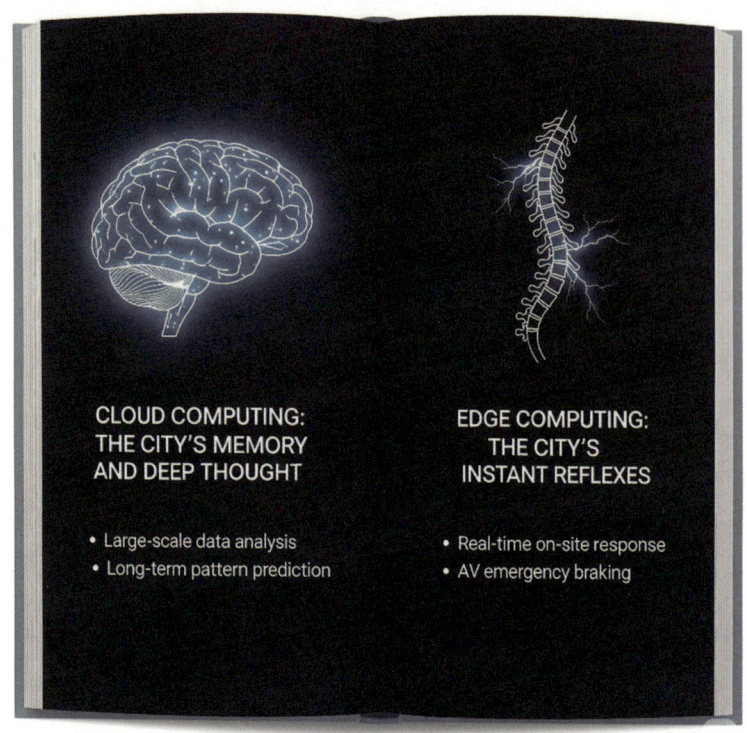

클라우드 컴퓨팅과 엣지 컴퓨팅

대규모 데이터 처리와 활용

교통 흐름, 환경 조건, 에너지 소비, 시민 행동 패턴 등 도시의 거의 모든 측면에서 생성되는 데이터는 그 양(Volume), 생성 속도(Velocity), 형태의 다양성(Variety) 면에서 전통적 방식으로는 처리 불가능한 '빅데이터'의 특징을 가진다.

빅데이터 기술의 진정한 가치는 단순히 많은 양의 데이터를 저장하는 데 있지 않다. 서로 다른 출처의 이질적 데이터들을 융합하고 분석해 새로운 통찰력을 발견하는 데 있다.

예를 들어, 특정 지역의 대기오염 데이터와 천식 환자 병원 방문 데이터를 결합 분석하면 대기질이 공중 보건에 미치는 영향을 정량적으로 파악할 수 있다. 이를 통해 환경 정책과 보건 정책을 연계해 수립할 수 있다.

빅데이터 분석 기술은 센서 데이터, CCTV 영상, 소셜 미디어 텍스트, GPS 기록 등 다양한 형태의 정형 및 비정형 데이터를 효율적으로 처리한다. 그 안에 숨겨진 복잡한 패턴, 상관관계, 의미 있는 통찰력을 도출해 도시 문제 해결을 위한 과학적 근거를 제시하고, 시민들에게 맞춤형 서비스를 제공하며, 도시 정책의 효과를 극대화하는 데 핵심 역할을 한다.

엣지 컴퓨팅을 통한 실시간 반응성

모든 데이터를 중앙 클라우드, 즉 도시의 '대뇌'로 보내 처리하는 방식은 심층 분석에는 유리하지만, 자율주행차의 긴급 제동처럼 수 밀리초(1,000분의 1초) 단위의 즉각적 반응이 필요한 경우에는 치명적인 약점을 가진다. 데이터가 중앙 서버까지 오가는 데 걸리는 시간 때문에 도시의 '반사 신경'이 너무 느려지는 셈이다.

엣지 컴퓨팅(Edge Computing)은 이런 문제를 해결하기 위해 데이터가 발생하는 현장이나 그와 매우 가까운 곳(가로등, 기지국 등)에 소규모 데이터 처리 장치를 분산 배치한다. 데이터 수집과 동시에 즉각적 분석과 의사결정을 수행함으로써 실시간 반응성을 극대화하는 기술이다.

예를 들어, 자율주행차는 차량 내부에 탑재된 고성능 엣지 컴퓨팅 장치를 통해 카메라와 라이다 센서 데이터를 실시간으로 분석해 전방의 보행자를 인식하고 즉시 제동한다. 이 긴급 제동 판단을 위해 데이터를 멀리 떨어진 클라우드 센터와 주고받을 여유는 없다.

동시에 차량 운행 데이터 중 일부는 클라우드로 전송되어 도시 전체의 교통 흐름을 분석하거나 AI 모델을 개선하는 데 장기적으로 활용된다.

이처럼 엣지 컴퓨팅은 클라우드 컴퓨팅과 상호 보완적으로 작동하며, 자율 적응 도시의 다양한 서비스들이 실시간으로 안전하고 효율적으로 운영될 수 있도록 지원하는 핵심 기술이다.

2.4

현실과 가상의 공존:
사이버 물리 시스템(CPS)과 디지털 트윈

자율 적응 도시의 기술적 토대를 완성하는 핵심 개념은 사이버 물리 시스템(Cyber-Physical System, CPS)과 디지털 트윈(Digital Twin)이다. 이 기술들은 앞서 논의된 AI, IoT, 빅데이터를 하나로 통합하여, 현실의 물리적 도시와 가상의 디지털 도시가 실시간으로 상호작용하는 환경을 만든다.

아래 그림은 사이버 물리 시스템(CPS)과 디지털 트윈의 관계를 잘 보여준다. 현실 세계와 가상 세계가 서로 데이터를 주고받으며 연결되는데, 이때 디지털 트윈은 '가상 세계' 그 자체를, 사이버 물리 시스템은 현실과 가상을 오가며 제어하고 최적화하는 '전체 프로세스'를 의미한다고 이해하면 쉽다.

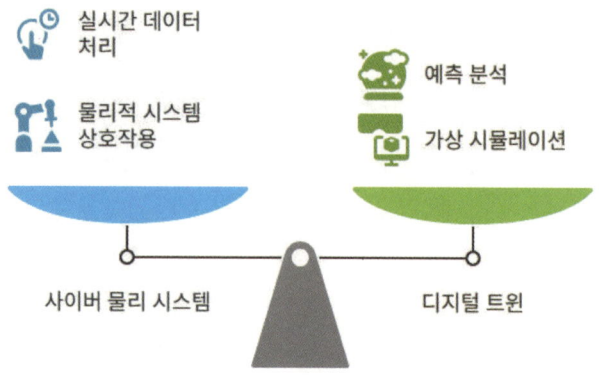

사이버 물리 시스템과 디지털 트윈의 상호 보완적 역할

사이버 물리 시스템(CPS): 도시의 지능형 제어탑

도시에서 CPS는 세 단계로 작동한다. 먼저 IoT 센서가 도시의 인프라, 환경, 시민 활동을 실시간으로 모니터링하여 데이터를 가상 세계로 전달한다(Physical-to-Cyber). 다음으로 사이버 공간에서 AI와 빅데이터 기술이 이 데이터를 분석하고 시뮬레이션하여 최적의 제어 방안을 찾는다. 마지막으로 이 결과를 교통 신호, 에너지 그리드 등 물리적 시스템에 적용하여 도시를 제어하고 최적화한다(Cyber-to-Physical).

이는 단순히 정보를 주고받는 것을 넘어, 현실 세계의 '관계'를 디지털 정보로 번역하고, 디지털 세계에서 새로운 '관계'를 시뮬레이션한 뒤, 다시 현실 세계의 '관계'를 재구성하는 과정이다. 이런 양방향 피드백 루프가 핵심이다. 시스템이 단순히 변화에 반응하는 것을 넘어 스스로 학습하고 최적의 상태를 찾아 '적응'하게 만드는 원리다.

이 '사이버 물리 시스템(CPS)'은 개념적으로 조금 어려울 수 있지만, 사실 우리는 이미 일상에서 비슷한 원리를 경험하고 있다. 최신 스마트 보일러를 떠올려 보면 쉽다. 실내 온도계가 '현재 온도 18℃'라는 현실(Physical) 정보를 감지하여 보일러의 제어장치로 보낸다. 제어장치는 '설정 온도 22℃'라는 사이버(Cyber) 공간의 규칙과 비교하여 '보일러를 가동하라'는 결정을 내린다. 마지막으로 이 결정은 보일러를 실제로 켜는 현실(Physical) 세계의 행동으로 이어진다. 이처럼 현실과 가상이 데이터를 주고받으며 서로를 제어하고 최적화하는 전체의 큰 순환 고리가 바로 사이버 물리 시스템이다.

디지털 트윈: 가상 공간에서 살아 숨 쉬는 도시

디지털 트윈은 CPS의 비전을 현실로 구현하는 핵심 기술이다. 현실 세계의 물리적 자산을 가상 공간에 동일하게 복제한 것을 의미한다.

자율 적응 도시에서 디지털 트윈은 단순한 3차원 모델이 아니다. 도시의 지형, 건물, 인프라 등 정적 정보와 함께 IoT 센서를 통해 교통, 환경, 사람들의 활동 등 동적 정보를 실시간으로 반영한다. 현실과 똑같이 작동하는 '살아 있는' 가상 도시인 셈이다.

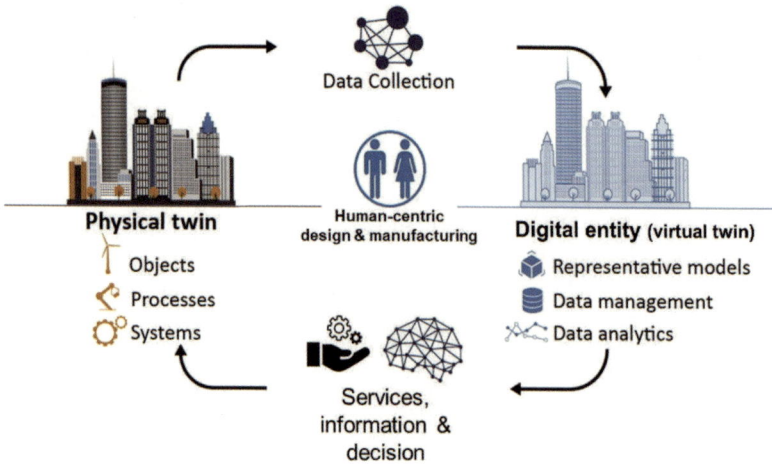

디지털 트윈 개념(출처: Wikimedia Commons)

1) 정의와 기능

도시 디지털 트윈은 현실 도시의 모든 변화를 실시간으로 동기화하여 가상 공간에 구현한다. 이를 통해 현실에서는 불가능하거나 위험하고 비용이 많이 드는 다양한 시뮬레이션을 안전하게 수행할 수 있다.

예를 들어, 도시 계획가는 새로운 공원을 조성하기 전에 디지털 트윈에서 여러 후보지의 일조량, 바람길, 주변 교통에 미치는 영향을 시뮬레이션 할 수 있다. 방재 담당관은 기록적인 집중호우 시나리오를 통해 취약 지역과 효과적인 대피 경로를 미리 예측하고 최적의 방재 대책을 수립할 수 있다.

이 가상 실험의 결과는 다시 현실 도시 운영에 피드백되어, 도시가 시행착오를 최소화하며 최적의 상태로 스스로 '적응'해 나간다. 과거의 직감과 경험에 의존하던 도시계획이 데이터 기반의 과학적 의사결정으로 바뀌는 혁신적인 변화다.

이러한 살아 있는 가상 도시, 즉 디지털 트윈의 완성도를 높이는 핵심 기술이 바로 GeoAI이다. GeoAI는 위성 이미지, 항공 라이다(LiDAR) 데이터, GPS, IoT 센서 등 방대한 지리공간정보를 딥러닝 기술로 분석하여, 현실 세계의 물리적 변화를 거의 실시간으로 감지하고 디지털 트윈에 자동 반영할 수 있는 도시의 깨어 있는 지리적 감각(Geospatial Sense)이다. 예를 들어, GeoAI는 위성 이미지를 분석해 불법 건축물의 증축이나 산림의 미세한 변화(산사태 징후)를 스스로 감지하여 디지털 트윈 모델을 갱신하고, 관련 부서에 자동으로 경고를 보낸다.

이렇게 디지털 트윈 안에서 내려진 최적의 결정은, 현실 세계의 로봇과 결합된 '피지컬 AI(Physical AI)'를 통해 물리적 행동으로 구현된다. 지능형 로봇 팔이 노후화된 상수도관을 정밀하게 수리하고, 네 발로 걷는 로봇이 인간이 접근하기 힘든 재난 현장을 탐사하며, 자율주행 드론이 시민에게 긴급 의약품을 배송하는 것이 그 예다. 결국 GeoAI가 도시의 '눈'이 되어 현실을 디지털 세계로 정밀하게 옮겨 온다면, 피지컬 AI는 도시의 '손과 발'이 되어 디지털 세계의 결정을 현실 세계에 실현시키는 역할을 수행하는 것이다.

2) 발전 단계

정보통신기획평가원에 따르면, 디지털 트윈 기술은 5단계로 발전한다:

- **1단계(모사, Mirroring)**: 물리적 대상을 단순히 복제
- **2단계(관제, Monitoring)**: 실시간 데이터를 연동해 현재 상태 파악

- **3단계(모의, Simulation):** 가상 시뮬레이션을 통해 미래 예측과 최적해 탐색
- **4단계(연합, Federation):** 여러 디지털 트윈 시스템이 상호 연동되어 복잡한 문제 해결
- **5단계(자율, Autonomous):** 시스템이 스스로 문제를 인지하고 해결하며 물리적 대상을 자율적으로 최적화

자율 적응 도시는 5단계의 자율 디지털 트윈을 적극 수용한다. 이는 도시가 스스로 생각하고 행동하는 단계에 이르렀음을 의미한다.

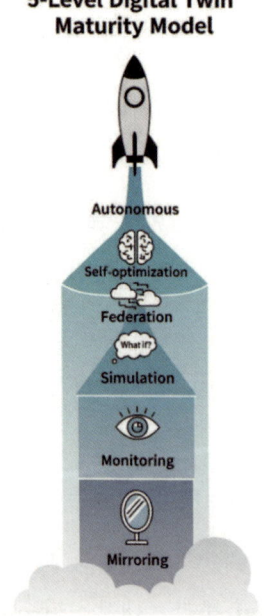

디지털트윈 발전 5단계

3) 구현 사례

- **버추얼 싱가포르(Virtual Singapore)**

세계적으로 앞선 국가 단위 디지털 트윈 플랫폼이다. 도시의 모든 물리적 정보와 동적 데이터를 3D 환경에 통합하여 도시 계획, 재난 대응, 환경 분석 등에 활용한다.

특히 폭우 시나리오에서 AI가 과거 강우 패턴과 지형 데이터를 종합하여 침수 위험을 예측한다. 배수 펌프를 자율 가동하거나 교통을 통제하는 등 예측-판단-실행의 전 과정이 자율적으로 이루어진다. 과거의 대응 경험을 학습해 스스로를 개선하는 '적응적' 특성까지 보여 준다.

또한 모든 건물의 지붕 형태와 방향 데이터를 활용해 태양광 패널 설치 시뮬레이션을 수행하여 국가의 신재생에너지 정책 수립을 지원하기도 한다.

- **NVIDIA Omniverse**

공장이나 도시의 디지털 트윈을 구축하기 위한 협업 및 시뮬레이션 플랫폼이다. 서로 다른 소프트웨어로 만들어진 3D 모델과 데이터를 USD(Universal Scene Description)라는 공통 형식으로 통합한다. 물리적으로 정확한 실시간 시뮬레이션을 가능하게 하여 복잡한 시스템의 설계, 최적화, 운영을 지원하는 강력한 참조 아키텍처를 제공한다.

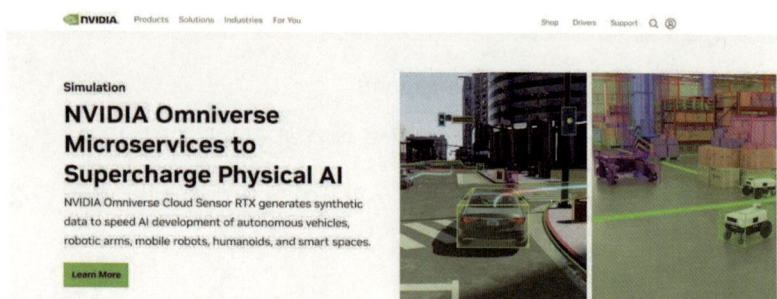

NVIDIA Omniverse Simulation(출처: nvidia.com)

　사이버 물리 시스템과 디지털 트윈은 도시라는 복잡한 시스템을 가상 환경에서 사전에 검증하고 최적화한다. 이를 통해 도시 계획 및 정책 결정의 정확성과 효율성을 높이고, 재난과 기후변화에 대한 도시의 회복탄력성을 강화하며, 궁극적으로 시민들에게 더 안전하고 지속 가능한 도시 환경을 제공하는 핵심 기술 기반이 된다.

2.5

기술 융합의 힘: 자율 적응 도시 시스템의 완성

자율 적응 도시의 진정한 힘은 개별 기술들의 단순한 합에서 나오지 않는다. 핵심 기술들이 서로 유기적으로 융합되고 상호작용할 때 비로소 자율 적응 도시라는 혁신적인 비전이 현실화된다.

기술 융합의 메커니즘

이 기술적 생태계에서 각 요소는 특정한 역할을 담당한다. IoT는 신경망처럼 도시의 상태를 실시간으로 감지하여 빅데이터 플랫폼에 전달한다. AI는 두뇌 역할을 하며 이 데이터를 분석하여 최적의 해법을 찾아낸다. 사이버 물리 시스템(CPS)과 디지털 트윈은 이러한 판단을 가상으로 검증하고, 그 결과를 현실 세계의 물리적 인프라에 즉각 적용하여 도시를 실시간으로 최적화한다.

이 모든 과정에서 새롭게 생성되는 데이터는 다시 피드백 되어 시스템 전체가 지속적으로 학습하고 스스로를 개선해 나가는 지능 강화 루프

(Intelligent Feedback Loop)를 형성한다. 이 루프가 반복될수록 도시의 의사결정은 더욱 정교해지고, 자원 활용은 더욱 효율적이 된다.

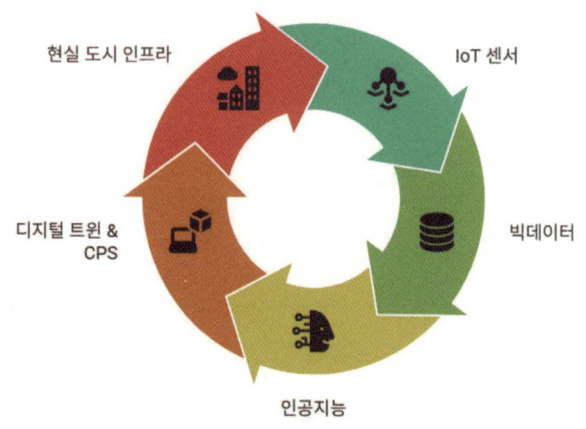

자율 적응 도시의 지능 강화 루프

네덜란드 암스테르담의 스마트 운하 관리 시스템은 기술 융합의 좋은 예다. 운하의 수질 및 수위 센서 데이터와 기상청 예보 데이터를 결합하여 AI가 녹조 발생이나 침수 위험을 예측한다. 예측 결과에 따라 수문을 자율적으로 조절하여 최적의 수질과 수위를 유지한다.

이처럼 기술 융합은 도시 전체를 하나의 거대한 자율 적응 시스템으로 진화시킨다. 도시가 경험을 통해 배우고 성장하는 유기체처럼, 시행착오를 최소화하며 최적의 상태로 스스로 '적응'해 나가는 것을 가능하게 한다.

미래를 향한 전망

이러한 기술의 융합은 도시를 단순한 첨단 기계가 아닌, 시민과 함께 호흡하며 경험을 통해 끊임없이 배우고 성장하는 살아 있는 유기체로 만든다. 이를 통해 진정으로 지속 가능하고 포용적인 미래 도시를 실현할 수 있을 것이다.

지금까지 자율 적응 도시의 두뇌와 신경망, 기억과 반사신경을 이루는 핵심 기술들을 살펴보았다. AI, IoT, 빅데이터, 컴퓨팅, 그리고 이들을 통합하는 사이버 물리 시스템과 디지털 트윈은 도시의 모든 기술 요소를 연결하는 '통합 플랫폼' 역할을 한다.

하지만 이를 '지휘자가 모든 것을 통제하는 오케스트라'로 이해해서는 안 된다. 오히려 이는 정해진 악보 없이 각 연주자가 서로의 소리에 귀 기울이며 즉흥적으로 하모니를 만들어가는 '재즈 밴드'에 가깝다. 더 나아가, 포식자와 피식자, 미생물과 식물이 서로 영향을 주고받으며 안정된 질서를 이루는 '자연 생태계'의 모습과 닮아 있다.

이것이 바로 '창발(Emergence)'이라는 경이로운 현상이다. 수십만 마리의 개미는 각자 단순한 규칙을 따를 뿐이지만, 그들의 상호작용 속에서 누구도 설계하지 않은 정교한 개미집과 효율적인 먹이 수집 시스템이라는 집단 지성이 피어난다. 마찬가지로, 자율 적응 도시의 지능은 AI라는 중앙 지휘자가 설계하는 것이 아니라, 수많은 기술과 시민들의 상호작용이라는 관계 속에서 스스로 모습을 드러내며 피어나는 것(창발)이다.

지금까지 우리는 도시의 보이지 않는 지성이 어떻게 짜이는지를 살펴보았다. 이는 스스로 연주하는 재즈 밴드이자, 살아 있는 생태계다. 이제,

이 보이지 않는 영혼이 어떻게 도시의 물리적인 '몸'에 깃들어, 우리가 걷는 거리와 사는 집, 마시는 물을 바꾸어 놓는지 그 놀라운 현장을 다음 3장에서 목격해 본다.

3.

살아 있는 인프라: 도시의 혈관은 어떻게 흐르는가?

2장에서 우리는 자율 적응 도시의 똑똑한 '두뇌(AI)'와 예민한 '신경망(IoT)'에 대해 알아보았다. 이제, 그 두뇌와 신경계가 어떻게 도시의 '몸'을 움직여 살아 숨 쉬게 하는지 살펴볼 차례이다. 도시의 인프라가 단순한 콘크리트 구조물을 넘어, 환경 변화에 스스로 반응하고 최적의 상태를 찾아가는 '살아 있는 시스템'으로 진화하는 모습은 경이롭기까지 하다.

 이번 장에서는 우리 몸의 각 기관처럼 도시를 움직이는 네 가지 핵심 인프라를 탐험한다. 쉼 없이 흐르는 혈액순환계 같은 '자율 교통 시스템', 에너지를 만들고 쓰는 신진대사 같은 '스마트 에너지 관리', 도시를 건강하게 유지하는 체액 조절 시스템 같은 '지능형 수자원 관리', 그리고 이 모든 것을 담아내며 성장하고 변화하는 뼈대와 피부 같은 '유연한 도시 계획과 건축'이 바로 그것이다. 이들이 어떻게 미래 도시의 풍경을 새롭게 그려 나갈지, 그 생생한 현장으로 함께 떠나보자.

3.1 자율 교통 시스템

 미래 도시의 이동성은 근본적으로 달라질 것이다. 자율주행 차량과 지능형 교통 시스템이 정교하게 결합하여, 단순한 편리함을 넘어 도시 전체의 효율성과 안전성을 극대화하는 방향으로 변화하고 있다.
 도시의 혈액 순환과도 같은 교통 흐름이 최첨단 기술로 재탄생하면서, 예상치 못한 상황에서도 도시 스스로 최적의 이동성을 확보하고(자율성), 장기적으로는 시민의 이동 패턴과 도시 구조 변화에 맞춰 교통 시스템 전체가 유기적으로 진화(적응성)하게 된다.

 개별 차량의 자율 운행을 넘어, 도시 교통망 전체가 하나의 지능체처럼 움직이는 시대가 오고 있다. 예측 불가능한 상황에도 실시간으로 최적의 흐름을 찾아내고, 시민들에게는 전례 없는 수준의 안전하고 효율적인 이동 경험을 선사할 것이다.

자율주행 차량과 교통 흐름 최적화

자율주행 차량(AV)은 라이다(LiDAR), 레이더, 카메라 등 다양한 센서와 정밀 지도 기술, 그리고 고도화된 인공지능 알고리즘을 통해 인간의 개입 없이 스스로 주변 환경을 인식하고 판단하며 주행하는 혁신적인 이동 수단이다.

단순히 운전의 부담을 덜어주는 것을 넘어서는 파급효과가 기대된다. 인간의 부주의나 실수로 인한 교통사고를 획기적으로 줄이고, 노약자나 장애인 같은 교통 약자의 이동권을 크게 개선하며, 24시간 운영 가능한 자율주행 트럭을 통해 물류 시스템의 효율성을 극대화하는 등 사회 전반에 거대한 변화를 가져올 잠재력을 지니고 있다.

자율 적응 도시에서는 개별 자율주행 차량들이 V2X(Vehicle-to-Everything) 통신 기술로 서로 연결된다. 차량끼리는 물론, 도로 인프라(신호등, 관제 센터 등) 및 보행자와도 실시간으로 정보를 주고받는다.

중앙 교통관제 시스템은 도시 전역의 교통 상황, 돌발 변수(사고, 공사 등), 각 차량의 목적지와 예상 경로 데이터를 종합적으로 분석한다. 그리고 개별 차량에게는 최적의 경로를 동적으로 안내한다. 이때 AI의 역할은 모든 차량의 움직임을 일일이 지시하는 관리자가 아니다. 오히려 이는 스스로 최적의 길을 찾아 흐르는 강물처럼, 막힌 곳을 터주고 장애물을 치워 주어 교통이라는 강물이 가장 자연스럽고 효율적으로 흐르도록 돕는 '보이지 않는 손'에 가깝다. 노자가 말한 최상의 다스림, 즉 억지로 무언가를 하지 않고 스스로 그러하도록(無爲自然) 돕는 지혜가 도시의 교통 시스템에 구현되는 것이다. 실제 사례를 살펴보자. 서울시 강남구에서 시범 운영된 AI

기반 교통 제어 플랫폼은 수많은 커넥티드 차량과 자율주행 테스트 차량, 수십 개의 스마트 교차로를 실시간으로 연동했다. 초당 수천 건의 교통 데이터를 분석하고 강화학습 알고리즘을 활용해 교통 신호 주기를 최적화함으로써, 특정 구간의 평균 통행시간을 단축시키는 성과를 거뒀다.

이 시스템의 진가는 돌발 상황에서 발휘된다. 갑작스러운 사고나 도로 통제 상황이 발생하면, AI가 수초 내에 주변 교통 상황을 재분석하여 우회 경로를 생성하고, 영향받는 차량들에게 즉시 안내함으로써 교통 정체를 최소화하고 도시 전체의 이동 효율성을 유지한다.

사우디아라비아의 네옴(NEOM) 시티 프로젝트는 더욱 야심찬 청사진을 그리고 있다. 도시 설계 단계부터 100% 자율주행 기반의 교통 시스템을 구상하고 있으며, 모든 차량이 전기나 수소 기반의 제로 배출 차량으로 운영되고, AI가 관제하는 무인 셔틀과 개인형 이동수단이 도시의 주요 교통축을 담당하는 지속가능한 미래 이동성의 모델을 제시하고 있다.

미국 라스베이거스에서는 도심 일부 구간에서 전용 단거리 통신(DSRC) 기술을 활용한 자율주행 셔틀이 도시 교통 인프라와 실시간으로 정보를 교환하며 운행 경로를 최적화하고, 주변 차량 및 보행자와의 안전한 상호작용을 실험하는 프로젝트가 진행됐다. 이는 자율주행 기술이 실제 도시 환경에 통합되기 위한 중요한 기술적, 제도적 과제들을 점검하는 기회가 됐다.

수요 대응형 모빌리티 서비스(MaaS)

수요 대응형 모빌리티 서비스(MaaS, Mobility as a Service)는 교통의 패러다임을 바꾸는 혁신적인 서비스 모델이다. 대중교통(버스, 지하철), 공유 자전거, 공유 킥보드, 차량 호출 서비스(택시, 라이드 헤일링), 카셰어링, 그리고 미래에는 자율주행 셔틀과 로보택시까지 도시 내 모든 이동 수단을 하나의 통합된 디지털 플랫폼으로 묶는다.

사용자는 마치 뷔페에서 원하는 음식을 골라 담듯, 자신의 필요와 선호에 따라 최적의 이동 경로와 수단을 실시간으로 조합하고 이용할 수 있다. 개별 교통수단의 소유보다는 '이동'이라는 서비스 자체에 초점을 맞추는 개념으로, 도시 교통 시스템의 효율성과 사용자 편의성을 동시에 극대화하는 것이 목표다.

당신이 암스테르담에서 친구를 만나러 간다고 상상해 보자. 스마트폰 앱에 목적지를 입력하는 순간, 도시의 AI 두뇌는 당신의 현재 위치, 실시간 교통 상황, 날씨, 당신의 과거 이동 선호도까지 순식간에 분석한다. 그리고 제안한다. "가장 빠른 길은 공유 자전거로 3분 달려 중앙역으로 간 뒤, 2번 트램을 타고 10분 후 내리는 경로입니다. 총 15분 걸리고, 모든 결제는 한 번에 처리됩니다." 이처럼 MaaS는 도시의 모든 이동 수단을 하나의 서비스로 묶어, 시민에게 완벽한 맞춤형 이동 경험을 선사하는 도시의 '통합 이동 컨시어지' 서비스이다.

자율 적응 도시의 MaaS 플랫폼은 AI와 빅데이터 분석 기술을 핵심 엔진으로 활용한다. 실시간 교통 상황, 각 교통수단의 가용성, 대중교통 운행 정보, 사용자의 과거 이동 패턴과 선호도, 현재 위치와 목적지, 날씨, 요금 등 방대한 양의 변수를 종합적으로 고려한다. 그리고 각 사용자에게 가장 빠르고, 가장 저렴하며, 가장 편리하거나, 혹은 가장 친환경적인 맞춤형 이동 솔루션을 실시간으로 추천하고 예약 및 결제까지 원스톱으로 제공한다.

네덜란드 암스테르담은 주요 교통 거점에 다양한 이동 수단을 연계하는 다중 모달 허브(Multi-modal Hub)를 구축하고, 이를 MaaS 플랫폼과 유기적으로 연동하여 도시 전체의 접근성과 환승 편의성을 획기적으로 향상시켰다.

　하지만 이러한 혁신이 성공하려면, 기존 운수 산업과의 갈등을 최소화하고 시민들의 심리적 수용성을 높이는 사회적 노력, 그리고 방대한 개인 이동 데이터의 프라이버시를 보장하는 강력한 제도가 반드시 병행되어야 한다.

3.2

스마트 에너지 관리

　도시의 지속가능한 발전을 위해서는 에너지의 효율적인 생산, 분배, 소비가 필수적이다. 스마트 에너지 관리는 첨단 기술을 활용하여 도시 에너지 시스템 전체를 최적화하고, 환경 영향을 최소화하며, 에너지 자립도를 높이는 것을 목표로 한다.

　이는 도시 전체에 지능형 에너지 신경망을 구축하여, 에너지의 생산부터 소비까지 전 과정을 실시간으로 감지하고, 변화하는 수요와 공급 조건에 맞춰 AI가 자율적으로 에너지 흐름을 조절하며(자율성), 장기적으로는 에너지 소비 패턴 변화와 신기술 도입에 따라 시스템 전체가 스스로 최적화되는(적응성) 살아 있는 에너지 생태계를 구현하는 것과 같다.

스마트 그리드와 재생에너지 통합

　스마트 그리드(Smart Grid)는 기존의 중앙 집중적이고 단방향적인 전력망에 정보통신기술(ICT)과 AI, IoT 센서 기술을 접목한 차세대 전력망이다. 전력 공급자와 소비자가 실시간으로 양방향 정보를 교환하며 에너지 흐름을 지능적으로 제어하고 에너지 효율을 최적화할 수 있다.

스마트 그리드 예시

마치 도시의 혈관과도 같은 전력망에 두뇌와 신경계를 부여하여, 에너지 생산, 전송, 분배, 소비의 전 과정을 실시간으로 모니터링하고 자율적으로 최적화하는 것이 가능해진다. 자율 적응 도시에서는 AI가 스마트 그리드의 핵심 관제탑 역할을 수행하며, 도시 전역에 설치된 IoT 센서들이 에너지 생산량, 소비량, 전력 품질, 설비 상태 등 다양한 데이터를 실시간으로 수집하여 AI의 정교한 판단을 돕는다.

실제 성공 사례를 살펴보자. 네덜란드 암스테르담에서 추진된 스마트 그리드 프로젝트는 수만 가구의 지붕에 설치된 태양광 패널, 지역 내 소규모 풍력 터빈, 그리고 에너지 저장 시스템(ESS)을 하나의 가상 발전소(Virtual Power Plant, VPP)처럼 통합했다.

AI 에이전트가 각 가정과 건물의 실시간 에너지 생산량과 소비량을 예측하고, 이에 맞춰 지역 내 전력 수급을 자율적으로 조정하는 지능형 에너지 시장을 구축했다. 이 시스템은 전력 수요가 높은 피크 시간대에는 에너지 가격을 탄력적으로 인상하여 소비 절약을 유도하고, 반대로 재생에너지 생산량이 풍부할 때는 잉여 전력을 저장하거나 주변 지역으로 판매함으로써 에너지 절감과 시스템 안정성이라는 두 마리 토끼를 잡는 성과를 거뒀다.

스페인 발렌시아는 도시 운영 데이터를 통합 분석하는 지능형 플랫폼을 통해 에너지 자원을 효율적으로 관리하며, 특히 공공건물과 가로등의 에너지 소비를 IoT 센서와 빅데이터 분석을 통해 최적화하여 피크 시간대 전력 수요를 크게 감소시키고 있다.

독일은 '에네르기벤데(Energiewende)'라는 국가적 에너지 전환 정책 아래, 수많은 도시에서 태양광, 풍력 등 분산형 재생에너지원을 스마트 그리드에 성공적으로 통합하여 에너지 공급의 안정성과 지속가능성을 동시에 향상시키고 있다.

이러한 스마트 그리드의 핵심 성공 요인 중 하나는 차세대 에너지 저장 시스템(ESS) 기술의 발전이다. 태양광이나 풍력 같이 생산량이 날씨에 따라 변동하는 재생에너지의 간헐성 문제를 해결하려면, 생산된 전력을 효율적으로 저장했다가 필요할 때 공급할 수 있는 고성능 ESS가 필수적이다.

최근 주목받고 있는 리튬-황 전지, 전고체 배터리, 또는 수소 기반 에너지 저장 기술 등은 기존 리튬이온 배터리보다 에너지 밀도, 수명, 안전성 면에서 뛰어난 성능을 제공한다. 이들은 도시 규모의 스마트 그리드에서 재생에너지 활용도를 극대화하고 에너지 자립도를 높이는 데 결정적인 역할을 할 것으로 기대된다.

실시간 에너지 효율화 전략

AI와 기계학습 기술은 도시 전체의 에너지 소비 패턴을 과거 데이터와 실시간 데이터를 통해 정밀하게 분석한다. 단기 및 장기 에너지 수요를 예측하며, 이를 바탕으로 에너지 생산 및 분배 계획을 최적화하는 데 핵심적인 역할을 수행한다. 이는 마치 도시의 에너지 대사를 정밀하게 관리하는 것과 같다.

스마트 빌딩은 이러한 실시간 에너지 효율화 전략의 중요한 축을 담당한다. 건물 내부에 설치된 수많은 IoT 센서(온도, 습도, 조도, 재실 감지 센서 등)는 실시간으로 에너지 사용 현황을 모니터링하고, AI 기반 건물 에너지 관리 시스템(BEMS)은 수집된 데이터를 분석하여 냉난방, 조명, 환기 시스템 등을 외부 환경 변화와 내부 사용 패턴에 맞춰 자율적으로 제어함으로써 불필요한 에너지 낭비를 최소화한다.

물론 스마트 그리드 구축을 위한 막대한 초기 투자와 다양한 설비 간의 상호운용성 확보는 여전히 큰 숙제이다. 무엇보다 시민들의 자발적인 에너지 절약 행동 변화를 이끌어 낼 효과적인 정책 설계가 시스템 성공의 관건이다.

네트워크 관점에서 보면, 도시의 에너지망과 물 관리망은 결코 분리되어 있지 않다. 이 둘은 서로가 서로의 존재 조건이 되는 깊은 연기(緣起) 관계에 있다. 예를 들어, 우리가 마시는 물을 정수하고 각 가정까지 보내기 위해서는 막대한 양의 전력(에너지)이 필요하며, 수력 발전은 거꾸로

물의 흐름(수자원)을 통해 에너지를 생산한다. 자율 적응 도시는 바로 이러한 인프라 간의 상호의존성을 실시간으로 파악하고, 한 영역의 변화가 다른 영역에 미칠 영향을 예측하여 도시 전체의 자원 순환을 최적화한다.

3.3

지능형 수자원 관리

물은 생명 유지와 도시 활동에 필수적인 자원이지만, 기후변화와 도시화로 인해 많은 도시가 물 부족과 수질 오염 문제에 직면해 있다. 지능형 수자원 관리는 IoT, AI, 빅데이터 기술을 활용하여 물의 생산, 공급, 소비, 재활용 전 과정을 효율적으로 관리하고, 물 관련 재해에 대한 도시의 대응 능력을 강화한다.

이는 도시의 혈액과도 같은 물의 흐름을 첨단 기술로 정밀하게 관리하고 정화하여, 예측하지 못한 가뭄이나 오염 발생 시에도 도시 스스로 최적의 물 공급 방안을 찾아내고(자율성), 장기적으로 변화하는 물 수요 패턴과 기후 조건에 맞춰 수자원 관리 시스템 전체가 유기적으로 변화하며(적응성) 도시 전체에 건강한 생명력을 지속적으로 불어넣는 과정과 같다.

적응형 물 공급과 수질 관리

스마트 워터 그리드(Smart Water Grid)는 기존의 상수도관망에 IoT 센서(유량계, 수압계, 수질 센서 등)와 스마트 미터를 촘촘하게 설치하여, 물 사용량, 관망 내 수압 변화, 그리고 다양한 수질 지표(탁도, 잔류 염소, pH 등)를 실시간으로 정밀하게 모니터링한다.

이렇게 수집된 데이터는 AI 기반 분석 플랫폼으로 전송되어, 관망 내 누수 지점을 조기에 정확하게 감지하고, 물 수요 패턴을 예측하며, 정수 처리 공정을 최적화하고, 수질 오염 발생 시 즉각적으로 경고하고 오염 확산 경로를 예측하여 신속한 대응 방안을 제시하는 데 활용된다.

일본 도쿄 수도국은 지진 발생에 대비한 혁신적인 시스템을 운영하고 있다. 주요 관정 및 배수지에 설치된 지진 감지 센서와 AI 예측 모델을 연계하여, 지진 발생 후 수초 내에 피해 예상 지역의 수도관 밸브를 자율적으로 차단함으로써 대규모 누수와 2차 피해를 최소화한다. 또한 최근에는 정수 처리 과정에서 기존의 화학적 처리 방식의 한계를 보완하기 위해 나노 버블 발생기나 첨단 분리막 기술 등을 도입하고 있다. 처리하기 까다로운 미세 플라스틱이나 신종 오염물질의 제거율을 획기적으로 향상시키고, 동시에 에너지 소비는 줄이는 연구가 활발히 진행되고 있다.

미국의 여러 스마트 도시들은 각 가정과 건물에 스마트 미터를 보급하여 실시간 물 사용량 정보를 제공함으로써 시민들의 자발적인 물 절약을 유도하고 있다. 스페인 발렌시아는 스마트 빌딩 내 빗물 집수 시스템, 중수도 시스템, 그리고 누수 감지 센서 등을 통합 관리하여 건물 단위의 물 사용 효율을 극대화하고 환경 영향을 최소화하는 성과를 거두고 있다.

홍수 및 가뭄 대응 시스템

기후변화로 인해 예측하기 어렵고 강력해지는 홍수와 가뭄에 효과적으로 대응하기 위해, 자율 적응 도시는 AI 기반의 정교한 예측 분석 시스템과 지능형 방재 인프라를 적극적으로 활용한다.

서울시는 여름철 집중호우에 대비하여 혁신적인 시스템을 구축했다. 도시 곳곳의 강우량, 하수관 수위, 도로 침수 상황 등을 실시간으로 모니터링하는 스마트 물 관리 시스템을 구축하고, 이를 디지털 트윈 기반의 홍수 시뮬레이션과 연계하여 침수 취약 지역을 사전에 파악하고 맞춤형 대응 전략을 수립하고 있다.

또한 드론에 탑재된 LiDAR(Light Detection and Ranging) 센서와 열화상 카메라를 활용하여 하천 제방이나 댐 같은 주요 방재 시설물의 미세한 균열이나 누수 지점을 정기적으로 점검하고, AI가 분석하여 위험도를 평가함으로써 선제적인 유지보수와 안전관리를 수행하고 있다.

그러나 이 시스템이 제대로 작동하려면, 도시 곳곳의 수많은 센서와 시스템에서 나오는 데이터의 호환성 문제를 해결하고, 물 관련 공공 데이터의 보안을 강화하며, 시민들의 물 절약 의식을 높이는 지속적인 노력이 필요하다.

3.4

도시 계획과 건축의 재발견: 비어 있음의 쓸모를 찾아서

현대 도시는 급속한 사회경제적 변화와 기술 발전, 그리고 시민들의 다양해지는 라이프스타일에 직면하고 있다. 이런 변화에 효과적으로 대응하기 위해서는 과거의 고정적이고 경직된 도시 구조를 벗어나야 한다. 자율 적응 도시의 물리적 공간은 마치 살아 있는 유기체처럼 상황에 따라 형태를 바꾸고 기능을 재구성할 수 있어야 한다.

노자는 『도덕경』 제11장에서 "서른 개의 바퀴살이 하나의 바퀴통에 모이지만, 그 가운데가 비어 있기에 수레의 쓸모가 생긴다(三十輻共一轂, 當其無, 有車之用)"라고 말했다. 그릇의 쓸모는 그 비어 있음에 있고, 집의 가치는 창과 문으로 터놓은 빈 공간에 있다는 '무용지용(無用之用)', 즉 쓸모없음의 쓸모를 설파한 것이다.

도시 공간에 대한 두 가지 다른 철학의 시각적 비교

    도시 계획과 건축 역시 마찬가지다. 우리는 종종 건물을 짓고 개발하는 것만이 가치 있다고 생각하지만, 도시의 진정한 생명력은 오히려 공원, 광장, 강변, 골목길처럼 의도적으로 '비워 둔' 공간에서 나온다. 이 '비어 있음'이야말로, 수많은 사람과 사람, 사람과 자연의 '관계'가 맺어지고, 우리가 1장에서 말한 '공진화의 춤'이 펼쳐지는 진정한 무대이기 때문이다. 자율 적응 도시의 유연한 도시 계획이란, 모든 땅을 개발의 대상으로 보는 낡은 관점에서 벗어나, 시민들의 삶과 공동체의 이야기를 담아낼 수 있는 이 '창조적 여백'을 확보하는 것에서부터 시작한다.

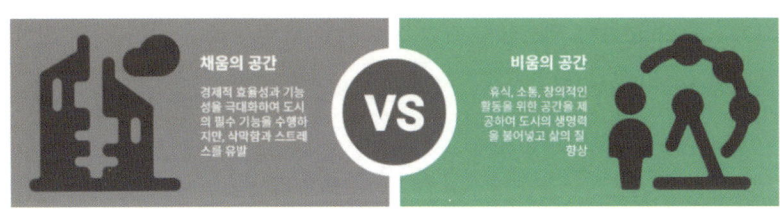

도시의 생명력: 채움과 비움

이러한 유연하고 적응적인 도시 공간은 단순히 효율성만을 추구하는 것이 아니다. 예측하기 어려운 미래의 변화와 도전에 도시 스스로 최적의 해답을 찾아내고, 지속적으로 물리적 형태와 기능을 조정하며, 시민들에게는 더욱 다양하고 창의적인 삶의 터전을 제공하는 것이 궁극적인 목표다.

모듈형 설계와 적응형 공간 활용

모듈형 건축은 건설 업계에 혁신을 가져온 새로운 패러다임이다. 건물의 주요 구성 요소나 공간 단위를 공장에서 표준화된 규격으로 미리 제작한 뒤, 현장에서는 레고 블록을 조립하듯 간단하게 완성하는 방식이다. 이는 기존의 현장 중심 건설 방식과 비교해 건설 기간을 대폭 줄이고, 비용을 절감하며, 건설 폐기물 발생도 최소화한다는 장점이 있다.

하지만 자율 적응 도시 관점에서 모듈형 설계의 진정한 가치는 바로 '유연성'과 '적응성'에 있다. 필요에 따라 기존 모듈을 쉽게 해체하고 이동시키거나 재조립할 수 있고, 새로운 기능의 모듈을 추가하여 건물의 용도를 바꾸거나 공간을 확장·축소하는 것이 가능하다.

실제 예를 들어 보자. 특정 지역에 갑작스럽게 주택 수요가 급증했다고 가정해 보자. 모듈형 주택을 신속하게 공급하여 주거 문제를 해결한 후, 나중에 수요가 변화하면 이를 사무실이나 상업시설로 전환하거나 다른 지역으로 이동시켜 재활용할 수 있다. 이런 유연성은 도시의 자원 활용 효율성을 크게 높인다.

모듈형 건축 시각화

　네덜란드 암스테르담의 사례는 이러한 적응형 공간 활용의 훌륭한 본보기다. 과거 조선소나 공장으로 쓰였던 유휴 산업 시설들을 창의적 아이디어와 첨단 기술로 문화예술 공간, 스타트업 인큐베이터, 친환경 주거 단지로 탈바꿈시켰다. 도시의 역사적 맥락은 보존하면서도 변화하는 도시 기능에 유연하게 대응하는 도시 재생의 모범을 보여 준다.

　이러한 적응형 공간 활용은 BIM, GIS 같은 디지털 도구와 결합될 때 더욱 강력해진다. 도시 계획 단계에서부터 다양한 시나리오를 시각화하고 시뮬레이션할 수 있어, 이해관계자들 간의 소통을 원활하게 하고 합리적인 의사결정을 지원한다. 결과적으로 미래 변화에 대한 도시의 적응력을 한층 높이는 데 기여한다.

지속 가능한 녹색 인프라

지속 가능한 녹색 인프라는 자율 적응 도시의 핵심 구성 요소다. 단순히 나무를 심고 공원을 만드는 수준을 넘어, 도시 전체를 하나의 거대한 생태계로 바라보는 관점이 필요하다. 자연 시스템과 인공 시스템이 조화롭게 공존하며 서로에게 도움이 되는 구조를 만드는 것이 목표다.

녹색 인프라는 다양한 형태로 구현된다. 녹색 지붕과 수직 정원, 도시 숲과 생태 공원, 투수성 포장재와 빗물 정원, 인공 습지 등이 대표적이다. 이들은 각각 고유한 기능을 수행하면서도 전체적으로는 시너지 효과를 낸다.

구체적인 효과를 살펴보면, 먼저 도시 열섬 현상을 효과적으로 완화한다. 또한 대기 중 미세먼지와 오염물질을 흡수하여 공기의 질을 개선하고, 도시 내 다양한 생물들의 서식지를 제공하여 생물 다양성을 증진시킨다. 폭우가 내릴 때는 빗물을 저장하고 지연 배출하여 도시 홍수를 예방하는 역할도 한다.

독일 함부르크의 하펜시티 프로젝트는 이러한 녹색 인프라의 성공적인 적용 사례다. 과거 항만 지역을 재개발하면서 넓은 수로와 녹지 공간을 도시 구조에 적극적으로 통합했다. 빗물 관리 시스템과 자연 정화 시스템을 통해 친환경적인 수변 도시를 조성한 것이다.

특히 주목할 점은 기술적 혁신의 적용이다. 건물 옥상과 벽면에 광범위한 녹화를 적용하고, 투수성 콘크리트와 3D 프린팅 기술로 제작된 다공성 조경 요소를 활용했다. 이를 통해 강우 시 지표면 유출수를 최대한 흡수하여 지하수로 함양함으로써 도시의 물 순환 시스템을 개선하고 열섬 효과를 완화하는 성과를 거두었다.

더 나아가 일부 건물 외벽에는 광촉매 코팅 기술을 적용했다. 햇빛을 받으면 주변 공기 중의 오염 물질을 분해하는 이 기술로 연간 수십 톤의 대기오염 물질을 자연적으로 제거하는 효과를 보고 있다.

영국 런던의 퀸 엘리자베스 올림픽 파크는 또 다른 혁신적인 사례다. 올림픽 이후 공원 시설에 스마트 센서와 데이터 분석 기술을 접목하여 지속 가능한 공원 운영의 새로운 모델을 제시하고 있다. 방문객들에게는 맞춤형 정보를 제공하고, 공원 내 에너지 소비와 물 사용을 최적화하며, 식생 관리를 효율화하는 등 다방면에서 성과를 내고 있다.

3.5

살아 있는 인프라의 조건: 기술을 넘어선 과제들

지금까지 우리는 도시의 혈관, 신진대사, 체액 조절 시스템, 그리고 뼈대와 피부가 어떻게 지능을 갖고 살아 움직이는지를 목격했다. 자율 교통, 스마트 에너지, 지능형 수자원, 유연한 도시계획과 건축은 분명 도시를 더 효율적이고 지속 가능하며 회복력 있는 공간으로 만들 핵심 동력이다.

하지만 이 혁신적인 인프라들이 성공적으로 안착하기 위해서는 공통적으로 넘어야 할 거대한 산이 있다. 바로 막대한 초기 투자 비용, 서로 다른 기술과 기존 시스템을 연결하는 통합의 복잡성, 그리고 시민들의 신뢰와 사회적 합의라는 과제이다. 아무리 뛰어난 기술이라도 시민들이 불안해하고, 사회적 규칙이 뒷받침되지 않으며, 경제적 지속가능성이 없다면 모래 위에 지은 성에 불과하다.

결국, 이 살아 있는 인프라에 '영혼'을 불어넣는 것은 기술 그 자체가 아니라, 이 모든 복잡한 과제를 조율하고 해결하는 운영체제, 즉 '거버넌스'이다. 우리는 과연 어떻게 이 혁신을 위한 사회적 규칙을 만들고, 비용을 분담하며, 모두가 혜택을 누리는 도시를 설계할 수 있을까? 이 중요한 질문에 대한 답을 찾아, 다음 4장에서 '자율 적응 도시의 거버넌스'를 깊이 탐구해 보겠다.

4.

보이지 않는 도시의 운영체제: 거버넌스

앞서 우리는 도시의 '두뇌'와 '몸'을 살펴보았다. 하지만 아무리 똑똑한 두뇌와 튼튼한 몸을 가졌더라도, 무엇이 옳고 그른지 판단하고, 다른 이들과 소통하며, 스스로를 지키는 원칙, 즉 '영혼'이 없다면 그저 거대한 기계에 불과할 것이다. 4장은 바로 자율 적응 도시의 영혼이자 운영체제(OS)인 '거버넌스'에 관한 이야기이다.

기술이 시민을 위한 따뜻한 도구가 될지, 아니면 차가운 감시자가 될지는 바로 이 거버넌스에 달려 있다. 이번 장에서는 이 도시의 영혼을 이루는 네 가지 핵심 질문에 답을 찾아가 보겠다. 첫째, 이 도시는 어떻게 현명하게 생각하고 판단하는가? (데이터 기반 의사결정). 둘째, 어떻게 시민의 마음에 귀 기울이는가? (시민 참여와 커뮤니티 강화). 셋째, 모두에게 공정한 게임의 규칙은 무엇인가? (정책 및 규제 프레임워크). 마지막으로, 어떻게 가장 소중한 개인의 삶을 보호하는가? (프라이버시와 보안).

4.1

데이터 기반 의사결정

자율 적응 도시의 의사결정은 더 이상 10년 전 낡은 지도나 소수 전문가의 직관에 의존하지 않는다. 대신, 지금 이 순간 도시의 혈관을 흐르는 교통량, 시민들의 발걸음이 만드는 활기, 골목 구석구석의 공기 질 같은 도시의 살아 있는 맥박과 숨결을 실시간 데이터로 듣고 판단한다. 도시가 비로소 시민들의 실제 삶에 귀 기울이기 시작한 것이다.

이러한 데이터 기반 의사결정이 추구하는 궁극적인 경지는, 시스템의 개입이 거의 느껴지지 않는 노자의 '무위자연(無爲自然)'과 같다. 교통 신호가 바뀌고 버스 배차 간격이 조정되지만, 시민들은 마치 원래부터 그랬던 것처럼 자연스럽게 느끼며 살아간다. 가장 뛰어난 시스템은 자신의 존재를 드러내지 않는 법이다. 인공지능과 빅데이터 분석 기술은 바로 이러한 선제적이고 최적화된 정책을 통해, 도시 관리의 패러다임을 '사후 대응'에서 '사전 예방 및 최적 관리'로 전환하는 핵심 동력이다.

AI와 실시간 데이터 활용

AI 시스템은 자율 적응 도시의 중추신경계 역할을 한다. 도시 전역의 센서 네트워크와 다양한 정보 시스템에서 수집되는 방대한 데이터를 실시간으로 분석하여 도시의 현재 상태를 진단하고, 미래 변화를 높은 정확도로 예측한다.

교통 흐름, 에너지 소비 패턴, 대기 및 수질 오염도, 폐기물 발생량, 공공시설물 상태, 시민들의 이동 및 활동 패턴, 심지어 소셜미디어를 통해 표출되는 시민들의 감정과 의견까지도 AI 분석의 대상이 될 수 있다.

핀란드 헬싱키는 도시 전역의 교통 카메라, 차량 센서, 대중교통 운행 데이터 등을 AI로 실시간 분석하여 교차로 신호 체계를 0.1초 단위로 최적화하고 있다. 그 결과 도심 주요 구간의 평균 통행 시간을 20% 이상 단축했고, 연료 소비 및 탄소 배출량 감소에도 기여하고 있다.

시흥시 도시재생지원센터는 과거 인구 통계, 건축물 정보, 상권 변화 데이터 등을 AI로 분석하여 도시 쇠퇴 지역의 특성과 원인을 정밀 진단하고, 이를 바탕으로 맞춤형 도시재생 전략을 수립하는 데 활용하고 있다.

미국 로스앤젤레스 경찰국(LAPD)은 과거 범죄 발생 데이터와 시간, 장소, 요일, 날씨 등 다양한 변수를 AI로 분석하여 특정 시간대에 범죄 발생 가능성이 높은 '핫스팟(hot spot)'을 예측하고, 해당 지역에 경찰력을 집중 배치하여 범죄 예방 효과를 높이려 했다.

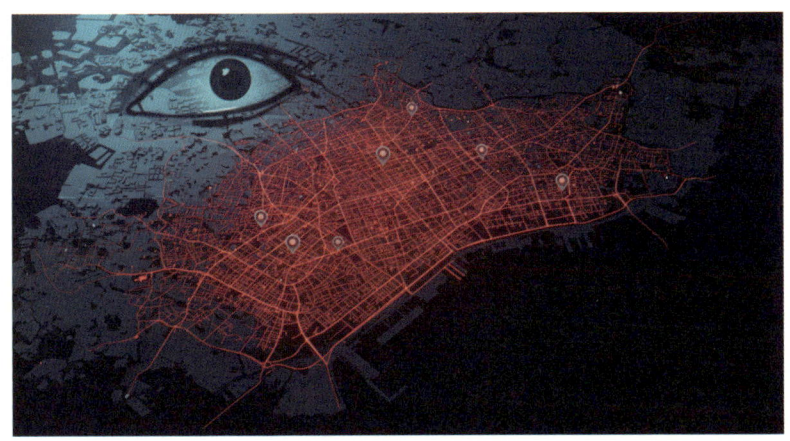

AI 기반 예측 치안 시스템의 알고리즘 편향 위험성

하지만 이런 예측 치안 시스템에는 심각한 문제가 있다. 과거 데이터에 내재된 인종적, 사회경제적 편견을 AI 알고리즘이 학습하고 증폭시켜 특정 소수집단에 대한 과도한 감시나 불공정한 법 집행으로 이어질 수 있다. 이는 기술적 효율성이 사회 정의와 인권이라는 근본적 가치와 충돌할 수 있음을 명확히 보여 준다. 따라서 기술의 윤리적 사용과 사회적 합의를 위한 지속적인 논의와 제도적 보완이 필수적이다.

동적 정책 수립과 실행

데이터 기반 의사결정은 과거의 정적이고 일률적인 정책에서 벗어나, 변화하는 도시 상황과 시민들의 다양한 요구에 맞춰 정책의 내용과 실행 방식을 유연하게 조정하고 최적화하는 '동적 정책 수립 및 실행(Dynamic Policy-making and Implementation)'을 가능하게 한다.

이는 정책의 효과를 실시간으로 모니터링하고, 그 결과를 바탕으로 정책을 지속적으로 개선해 나가는 순환적 과정을 의미한다. 자율 적응 도시가 끊임없이 변화하는 환경에 효과적으로 대응하기 위한 핵심적인 정책 운영 방식이다.

하지만 이런 데이터 기반 의사결정 시스템이 성공적으로 작동하려면 몇 가지 중요한 전제 조건이 필요하다.

무엇보다 AI 의사결정 과정의 투명성(explainability)과 책임성(accountability) 확보가 중요하다. AI가 어떤 데이터를 기반으로, 어떤 논리 과정을 거쳐 특정 결정을 내렸는지 시민들이 이해할 수 있도록 설명 가능성을 높여야 한다. 또한 AI의 결정으로 인해 문제가 발생했을 때 그 책임 소재를 명확히 할 수 있는 제도적 장치가 마련되어야 한다.

입력되는 데이터의 품질과 신뢰성 확보, 그리고 특정 인구 집단이나 지역에 대한 편향성을 가질 수 있는 알고리즘의 공정성 문제는 지속적인 기술 개발과 사회적 감시를 통해 해결해 나가야 할 핵심 과제다.

4.2

누가 도시를 움직이는가: 주인이 된 시민들

　자율 적응 도시의 거버넌스는 기술이 모든 것을 결정하고 통제하는 디스토피아적 미래가 아니다. 오히려 그 핵심은 1장에서 제시한 '네트워크 관점'을 거버넌스 철학으로 받아들이는 데 있다.

　네트워크 관점에서 보면, '시민 참여'라는 말은 사실 정확하지 않다. 이는 마치 물고기가 바다에 '참여'한다고 말하는 것과 같다. 시민은 도시 시스템의 외부에서 참여하는 존재가 아니라, 도시라는 관계의 그물망을 짜는 실(thread) 그 자체이기 때문이다. 우리가 걷는 길, 마시는 커피, 온라인에 남기는 댓글 하나하나가 도시라는 네트워크를 실시간으로 변화시키는 신호(signal)가 된다.

　시민이 곧 도시의 본질이라면, 최상의 거버넌스는 무엇일까? 이에 대한 답을 우리는 노자의 지혜에서 찾을 수 있다. 바로 무위(無爲)의 다스림이다. 이는 도시의 운영 시스템이 전면에 나서서 모든 것을 통제하는 것이 아니라, 시민이라는 도시의 자연스러운 흐름이 창의적으로 발현되도록 배경에서 돕는 것을 의미한다. 첨단 기술은 시민들을 통제하는 도구가 아니라, 그들의 목소리를 연결하고 집단 지성을 발현시켜, 도시가 스스로 문제를 해결하고 더 나은 미래를 만들어 가도록 돕는 '보이지 않는 조력자'가 되어야 한다.

이는 도시의 운영 시스템이 전면에 나서서 모든 것을 통제하는 것이 아니라, 마치 물이 흐르듯 시민들의 자발적인 참여와 창의성이 자연스럽게 발현되도록 배경에서 돕는 것을 의미한다. 첨단 기술은 시민들을 통제하는 도구가 아니라, 그들의 목소리를 연결하고 집단 지성을 발현시켜, 도시가 스스로 문제를 해결하고 더 나은 미래를 만들어 가도록 돕는 '보이지 않는 조력자'가 되어야 한다.

디지털 기술은 과거에는 상상할 수 없었던 방식으로 시민들이 도시 정책 결정 과정에 직접 참여하고, 지역사회 문제 해결에 주도적으로 기여하며, 서로 연결되고 협력하는 강력한 커뮤니티를 형성할 수 있는 다양하고 효과적인 통로를 제공한다.

디지털 플랫폼을 통한 민주적 참여

디지털 참여 플랫폼은 과거 소수 전문가나 관료 중심의 폐쇄적인 의사결정 구조를 허물고 있다. 모든 시민이 시간과 공간의 제약 없이 도시 정책에 대한 자신의 목소리를 직접 내고, 공공 예산의 우선순위 결정에 주체적으로 참여하며, 공공 서비스 개선을 위한 창의적인 아이디어를 자유롭게 제안할 수 있게 되었다.

이는 도시 거버넌스의 투명성과 반응성을 획기적으로 높이고, 정책 결정 과정에 대한 시민들의 신뢰와 수용성을 확보하는 결정적 효과를 가져온다.

스페인 마드리드의 'Decide Madrid' 플랫폼은 시민들이 직접 온라인으로 정책을 제안하고, 다른 시민들의 지지를 받아 일정 수 이상의 동의를 얻은 제안은 시의회에서 공식적으로 논의된다. 나아가 공공 예산의 일부를 시민들이 직접 투표를 통해 사용처를 결정하는 참여 예산제를 성공적으로 운영하고 있다.

브라질 포르투알레그레는 이미 1980년대 후반부터 세계적으로 유명한 참여 예산제를 시행해왔다. 최근에는 디지털 기술을 적극 도입하여 온라인 투표, 실시간 정보 공유, 원격지 주민들의 참여 확대 등을 통해 효율성과 접근성을 더욱 높이고 있다.

피드백 루프와 공동체 의사결정

시민들의 다양한 의견과 제안, 일상생활에서 느끼는 불편 사항들을 실시간으로 수렴하고, 이런 피드백이 실제 정책 수립과 서비스 개선에 어떻게 반영되는지 그 과정을 투명하게 공개하며, 그 결과를 다시 시민들에게 공유하는 '피드백 루프(Feedback Loop)' 시스템은 도시 운영의 투명성과 반응성을 획기적으로 높인다. 이는 마치 도시와 시민이 끊임없이 대화하며 함께 문제를 해결해 나가는 과정과 같다.

시민 참여와 커뮤니티 강화 개념도

미국 시카고의 '311 모바일 앱'은 시민들이 도로 파손, 쓰레기 무단 투기, 소음 공해 등 도시 생활에서 겪는 다양한 불편 사항을 사진이나 영상과 함께 손쉽게 신고하고, 해당 문제의 처리 과정을 실시간으로 확인할 수 있게 한다. 이를 통해 행정 서비스의 질을 향상시키고 시민들의 만족도를 높이는 데 크게 기여하고 있다.

뉴욕시의 'NYC Ideas' 플랫폼은 시민들이 도시 발전을 위한 창의적이고 구체적인 아이디어를 자유롭게 제출하고, 다른 시민들의 지지와 토론을 통해 아이디어를 발전시키며, 실행 가능성이 높은 우수 제안은 실제 시 정책으로 채택되어 예산이 배정되고 실행되는 시민 주도의 혁신적인 정책 발굴 시스템을 운영한다.

하지만 이런 디지털 플랫폼 기반의 시민 참여가 진정한 의미의 민주적 거버넌스로 이어지려면 몇 가지 중요한 과제들을 해결해야 한다. 인터넷 접근이 어렵거나 디지털 기기 활용 능력이 부족한 계층의 참여를 보장하기 위한 '디지털 격차(digital divide)' 해소 노력, 특정 집단의 목소리만 과도하게 반영되는 것을 막기 위한 '참여자의 대표성' 확보 방안, 그리고 온라인 공간에서의 가짜뉴스나 혐오 발언 확산 방지 및 건설적인 토론 문화 조성 등은 시민 참여 플랫폼의 성공적인 운영과 지속가능성을 위해 반드시 함께 고민해야 할 중요한 문제들이다.

4.3

정책 및 규제 프레임워크

자율 적응 도시의 혁신적인 기술과 서비스를 원활하게 도입하고 확산시키려면 기존의 규제 체계를 유연하고 적응적으로 개선하는 것이 필수적이다. 동시에 자율 시스템 운영에 따른 새로운 위험에 대비하고 공공의 안전과 이익을 보호하기 위한 법적 기반 마련도 중요하다.

자율 시스템을 위한 법적 기반

자율주행차, 드론, AI 기반 서비스 등 새로운 기술이 도시 공간에 도입됨에 따라, 이들 시스템의 안전성, 책임 소재, 데이터 활용 등에 대한 명확한 법적 기준과 가이드라인이 필요하다.

유럽연합의 일반 데이터 보호 규정(GDPR)은 개인정보보호에 대한 포괄적인 기준을 제시하며 전 세계적으로 영향을 미치고 있다. OECD의 AI 원칙은 투명성, 책임성, 공정성 등을 강조하며 윤리적인 AI 개발과 활용을 위한 국제적 논의를 이끌고 있다.

유연하고 적응적인 규제 모델

자율 적응 도시의 기술은 발전 속도가 매우 빠르고 예측하기 어렵다. 따라서 기존의 고정된 규제 방식으로는 혁신의 발목을 잡거나 예상치 못한 부작용에 효과적으로 대응하기 어렵다. 규제 역시 기술의 진화와 보조를 맞추며 유연하고 적응적으로 진화해야 한다.

규제 샌드박스는 대표적인 예다. 이는 마치 이제 막 면허를 딴 자율주행차가 복잡한 시내 도로에 나가기 전, 안전이 확보된 '주행 연습장'에서 마음껏 운전 실력을 시험해 볼 기회를 주는 것과 같다. 혁신의 싹을 꺾지 않으면서도, 발생 가능한 위험을 관리하고 안전 규정을 함께 만들어 나가는 현명한 방식이다.

이 외에도 성과 중심 규제나 민관 공동 규제와 같은 다양한 접근법을 통해 기술 발전과 사회적 수용성 간의 균형을 모색할 필요가 있다.

그러나 규제 완화가 공공의 안전이나 형평성을 저해하지 않도록 신중한 접근과 지속적인 모니터링이 필요하다.

4.4

프라이버시와 보안

자율 적응 도시는 방대한 양의 데이터를 수집하고 활용하는 만큼, 시민들의 개인정보보호와 시스템 전체의 사이버 보안 확보는 무엇보다 중요한 과제다. 기술의 혜택과 개인의 권리 사이의 균형을 맞추고, 신뢰할 수 있는 데이터 거버넌스 체계를 구축해야 한다.

개인 데이터 보호 전략

자율 적응 도시가 수집하는 방대한 데이터는 도시 운영 효율화의 핵심 동력이지만, 동시에 시민 프라이버시 침해라는 심각한 위험을 내포한다. 따라서 데이터 수집 단계부터 '프라이버시 바이 디자인(Privacy by Design)' 원칙을 철저히 적용해야 한다. 이는 집을 다 지은 뒤에 CCTV를 설치하는 것이 아니라, 설계도 단계부터 현관문 잠금장치와 방범창을 꼼꼼히 계획하는 것과 같다. 즉, 서비스 개발 초기부터 개인정보보호를 핵심 기능으로 시스템에 내재화하는 것이다. 수집되는 데이터를 서비스 제공에 필요한 최소한으로 제한하고, 익명화 및 가명화 처리를 통해 개인 식별 가능성을 원천적으로 낮추는 등 기술적 안전장치 마련이 시민 신뢰 확보의 선결 과제다.

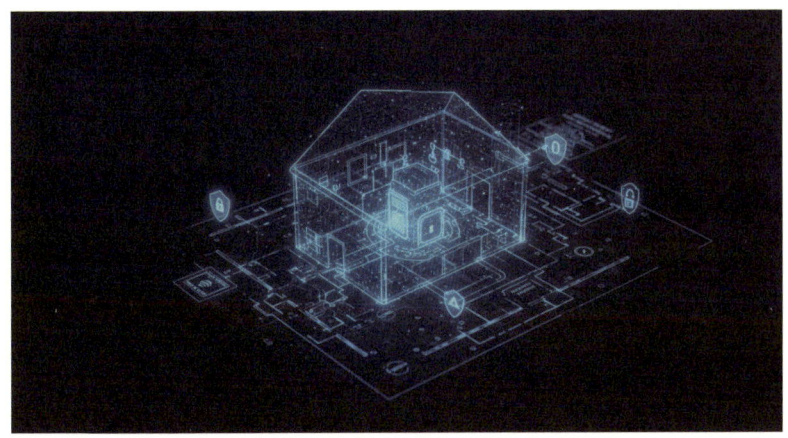

프라이버시 바이 디자인을 활용한 스마트 홈 디자인

나아가 데이터 처리 과정의 투명성을 보장하고 시민에게 자신의 데이터에 대한 접근 및 통제 권한을 부여하는 방안도 적극적으로 모색해야 한다. **암스테르담**은 스마트 시티 프로젝트 초기 단계부터 프라이버시 보호를 핵심 고려사항으로 통합하고 있다. **스톡홀름**의 '데이터 트러스트'는 연방학습(Federated Learning)과 동형암호(Homomorphic Encryption) 기술을 활용하여 개인정보 노출 위험 없이 데이터를 분석하고 활용하는 차세대 데이터 거버넌스 모델을 제시한다.

여기서 '연방학습'은 마치 여러 명의 학생이 각자 자신의 집에서 공부한 뒤, '공부 내용(원시 데이터)'이 담긴 노트는 보여주지 않고 '시험 성적의 향상(분석 결과)' 정보만 중앙 선생님에게 보내 전체적인 학습 모델을 개선하는 방식과 같다. 각 개인의 민감한 데이터는 스마트폰이나 컴퓨터 밖으로 나가지 않으면서도, AI는 더 똑똑해질 수 있는 것이다. '동형암호'는 여기서 한 걸음 더 나아간다. 이는 데이터를 '내용물이 보이지 않는 투명한 금고'에 넣고 암호화한 상태에서, 금고를 열지 않고도 외부에서 데이터를 더하고 곱하는 등 필요한 계산을 수행하는 기술이다. 계산이 끝난 뒤에야 금고의 주인만이 그 결과값을 확인할 수 있으므로, 데이터 처리 과정 전체에서 개인정보가 노출될 위험이 원천적으로 사라진다.

KISTI의 연구에서 제시된 AI 윤리 프레임워크처럼, 도시 데이터 사용 이력을 블록체인에 투명하게 기록하고 감사할 수 있는 시스템 구축도 중요하다.

사이버 보안과 윤리적 고려사항

도시의 모든 시스템이 네트워크로 연결되는 초연결 사회에서는 사이버 공격의 위협도 증가한다. 따라서 도시 기반 시설과 시민 데이터를 보호하기 위한 강력한 사이버 보안 시스템 구축이 필수적이다.

정기적인 보안 취약점 평가, 다중 인증 시스템 도입, AI 기반 실시간 위협 탐지 및 대응 시스템 운영 등이 필요하다.

더불어 AI 알고리즘의 편향성 문제 해결과 윤리적 사용을 위한 노력도 중요하다. 샌디에이고의 스마트 가로등 카메라 사례는 첨단 기술 도입 과정에서 발생할 수 있는 프라이버시 침해 우려와 이에 대한 사회적 합의의 중요성을 명확히 보여 준다.

결국 자율 적응 도시의 거버넌스는 눈부신 기술 발전의 속도에 발맞춰 스스로를 혁신해야 한다. 하지만 우리는 그 모든 과정의 중심에 있는 단 하나의 대원칙을 결코 잊어서는 안 된다. 기술은 목적이 아닌, 인간을 위한 도구라는 사실이다.

우리는 4장에서 그 위험성을 곳곳에서 보았다. 특정 인종에게 불리한 결정을 내리는 AI 판사(4.1절), 디지털 기기에 익숙지 않은 노인들을 소외시키는 행정 서비스(4.2절), 그리고 시민도 모르는 사이 개인의 모든 것을 들여다보는 감시 카메라(4.4절)까지. 이 모든 것은 기술이 인간 중심이라는 '영혼'을 잃었을 때 어떤 모습이 되는지를 보여 주는 섬뜩한 경고이다.

4장에서 우리가 탐구한 거버넌스는, 자율 적응 도시라는 거대한 생명체에 어떤 '영혼'을 불어넣을 것인가에 대한 우리의 대답이다. 진정한 자율 적응 도시의 성공은 얼마나 정교한 시스템을 구축했느냐가 아니라, 그 시스템이 얼마나 시민의 삶을 존중하고, 공동체의 가치를 실현하며, 미래 세대를 위한 지속 가능한 토대를 마련하느냐에 달려 있다. 이제 이 거버넌스의 토대 위에서, 도시의 변화가 우리의 경제와 일자리, 그리고 사회적 형평성에 어떤 영향을 미치는지 다음 5장에서 살펴보겠다.

5.

우리의 삶은 어떻게 재편되는가: 사회경제적 대전환

자율 적응 도시의 등장은 단순한 기술 발전을 넘어선다. 우리 문명 전체가 새로운 전환점에 서 있다고 해도 과언이 아니다. 도시 곳곳에 촘촘히 연결된 첨단 기술, 새로운 시대의 석유라고 불리는 데이터, 그리고 도시 운영의 핵심 두뇌 역할을 하는 AI. 이 모든 것들이 만나면서 과거에는 상상조차 할 수 없었던 경제 모델이 나타나고 있다.

　노동 시장 역시 그 구조와 요구 역량 면에서 혁명적인 변화를 맞고 있다. 하지만 이런 변화의 물결 속에서 사회적 형평성과 포용이라는 인류의 보편적 가치는 새로운 도전과 기회를 동시에 마주하게 된다. 이 장에서는 자율 적응 도시가 불러올 다층적이고 복합적인 사회경제적 변화를 깊이 있게 살펴보고, 그 과정에서 발생할 다양한 영향과 시사점을 다각도로 조망해보겠다.

5.1

새로운 경제 모델

자율 적응 도시는 완전히 새로운 경제 패러다임을 만들어 낸다. 그 본질은 1장에서 논한 '네트워크 관점'을 통해 이해할 수 있다. 바로 과거 시대를 지탱하던 모든 견고한 '경계'들이 허물어지고, 모든 것이 서로의 원인이자 조건이 되는 관계의 그물망으로 재편되는 것이다.

더 이상 생산자와 소비자는 명확히 구분되지 않는다. 자신의 집 지붕에서 태양광으로 전기를 생산하는 시민은 전력 회사의 '소비자'이자 동시에 이웃에게 전기를 파는 '생산자(프로슈머)'가 된다. 도시의 데이터를 활용해 새로운 앱을 만드는 시민은 도시 서비스의 '사용자'이자 동시에 도시의 가치를 높이는 '창조자'이다. 이처럼 자율 적응 도시의 경제는 데이터와 지능형 플랫폼을 통해 모든 경제 주체 간의 경계를 허물고, 새로운 관계를 만들어 내며 끊임없이 진화한다.

프로슈머의 탄생: 생산과 소비의 경계가 사라진 도시

도시의 새로운 경제: 프로슈머와 공유 생태계

과거 산업화 시대나 정보화 시대와는 차원이 다르다. 초연결성과 초지능성을 특징으로 하는 이 새로운 경제 생태계에서 공유 경제는 더욱 정교하고 광범위한 형태로 진화한다. 도시 전체가 마치 하나의 거대한 혁신 클러스터처럼 기능하면서 끊임없이 새로운 아이디어와 비즈니스 기회를 만들어 내는 역동적인 생태계를 구축하게 될 것이다.

공유 경제와 혁신 생태계

자율 적응 도시의 공유 경제는 우리가 알던 모습과 차원이 다르다. 단순히 남는 차나 방을 빌려주는 수준을 넘어, 도시 전체의 자원이 마치 하나의 거대한 공동 창고처럼 실시간으로 관리되고 최적으로 배분된다. 핵심은 AI라는 똑똑한 창고지기다. 이 창고지기는 도시의 모든 자원(교통, 에너지, 공공 데이터 등)의 수요와 공급을 실시간으로 예측하고, 가장 필요한 사람에게 가장 효율적인 방식으로 연결해 준다. 개별적인 '점'들의 연결이 아니라, 도시 시스템 전체가 최적화되는 '면'의 공유 경제가 탄생하는 것이다.

예를 들어 보자. 자율주행 차량 기반의 공유 모빌리티 서비스는 개인의 차량 소유 필요성을 크게 줄인다. 이는 도시의 주차 공간 부족 문제와 교통 체중을 완화하는 동시에, 이동 데이터를 분석해 최적의 운행 경로와 배차 간격을 자율적으로 조절함으로써 운영 효율성을 극대화한다. 실제로 싱가포르와 핀란드 헬싱키는 이미 자율주행 셔틀과 대중교통, 개인 이동수단을 하나의 플랫폼으로 통합해 시민들에게 원활하고 효율적인 이동 서비스를 제공하는 실험을 선도하고 있다.

에너지 분야는 더욱 흥미롭다. 블록체인 기술과 결합된 P2P(Peer-to-Peer) 에너지 거래 플랫폼이 등장하면서, 각 가정이나 건물에서 태양광 패널 등으로 생산한 잉여 전력을 이웃과 직접 거래하거나 스마트 그리드에 판매할 수 있게 되었다. 이는 에너지 프로슈머(생산자이면서 동시에 소비자)의 역할을 확대하고, 분산형 에너지 시스템으로의 전환을 가속화하며, 에너지 자립도를 높이는 데 기여한다.

뉴욕 브루클린 지역에서 시범 운영된 '브루클린 마이크로그리드' 프로젝트가 좋은 사례다. 주민들이 생산한 태양광 에너지를 지역 내에서 안전하게 거래할 수 있는 플랫폼을 구축해, 중앙 집중형 에너지 공급 시스템의 한계를 극복하고 지역 공동체의 에너지 자립 가능성을 보여 주었다.

네덜란드 암스테르담의 부익슬로터베그 지역은 더욱 인상적이다. 과거 조선소 부지를 주민 주도의 참여형 프로젝트를 통해 에너지 자립형 친환경 주거 단지로 성공적으로 재생시켰다. 공유 자전거 시스템, 지역 난방 시스템, 그리고 커뮤니티 기반의 도시 농업 등을 통해 공유 경제 모델을 도시 재생의 핵심 동력으로 활용하고 있다.

더 나아가, 자율 적응 도시는 도시 전체를 하나의 거대한 '개방형 놀이터'로 만든다. 도시 정부는 이 놀이터에 모래(공공 데이터), 시소와 그네(첨단 기술 인프라)를 아낌없이 제공한다. 그러면 시민, 학생, 작은 스타트업 등 누구나 와서 자신만의 방식으로 새로운 놀이(서비스)를 만들 수 있다. 마치 전 세계 개발자들이 소스코드를 공유하며 더 나은 프로그램을 만드는 '오픈 소스' 프로젝트처럼, 도시라는 플랫폼 위에서 수많은 혁신이 자생적으로 일어나고 빠르게 상용화되는 것이다.

이를 통해 새로운 아이디어와 기술이 도시라는 실험실(Living Lab)에서 끊임없이 실험되고 검증되며 빠르게 상용화될 수 있는 기반을 마련한다. 스페인 바르셀로나의 'CityOS'와 같은 개방형 데이터 플랫폼은 교통, 환경, 에너지 등 도시 전반의 방대한 실시간 데이터를 개발자들에게 공개해, 시민들의 삶을 개선하고 도시 문제를 해결하는 다양한 혁신적인 애플리케이션과 서비스가 탄생할 수 있도록 지원하고 있다.

도시 기반 창업과 비즈니스 기회

자율 적응 도시가 제공하는 풍부하고 정제된 데이터, 고도화된 기술 인프라, 그리고 개방적인 혁신 생태계는 도시를 기반으로 하는 다양한 분야에서 새로운 창업 기회와 비즈니스 모델의 폭발적인 성장을 견인하고 있다. 과거에는 상상하기 어려웠던 새로운 서비스와 제품이 등장하고, 전통 산업과 첨단 기술이 융합된 혁신적인 사업들이 도시 경제의 새로운 활력소가 되고 있다.

도시 전역에서 실시간으로 수집되는 정밀한 교통 데이터를 생각해보자. 차량 이동 경로, 속도, 사고 정보, 주차 공간 현황 등의 데이터는 물류 기업들이 AI를 활용해 배송 경로를 실시간으로 최적화하고 배송 시간을 단축하며 연료 효율을 높이는 데 결정적인 역할을 한다.

소매업체들도 마찬가지다. 시민들의 이동 패턴, 소비 성향, 특정 지역의 이벤트 정보 등을 분석해 매장 위치 선정, 상품 구색 최적화, 맞춤형 마케팅 전략 수립 등에서 수요 예측 정확도를 획기적으로 높일 수 있다.

또한 증강현실(AR) 및 가상현실(VR) 기술과 결합된 위치 기반 서비스(LBS)는 특정 장소나 상황에 있는 소비자에게 마치 개인 비서처럼 필요한 정보를 맞춤형으로 제공한다. 주변 맛집 추천, 실시간 길 안내, 할인 쿠폰 제공 등을 통해 사용자 경험을 극대화하고 새로운 상업적 가치를 창출해낸다.

흥미로운 점은 도시 자체가 개방형 API(Application Programming Interface)와 클라우드 기반의 개발 환경을 제공한다는 것이다. 이를 통해 자본과 인력이 부족한 스타트업이나 중소기업들도 적은 초기 비용으로 혁신적인 아이디어를 빠르게 서비스로 구현하고 시장에 진입해 대기업과 경쟁할 수 있는 공정한 기회를 얻게 된다.

스마트 농업 분야에서는 도심 유휴 공간(건물 옥상, 폐쇄된 지하 공간 등)을 활용한 수직 농장(vertical farm)이나 스마트팜이 확산되고 있다. IoT 센서와 AI 기반 환경 제어 시스템을 통해 연중 안정적으로 고품질 농산물을 생산하는 이런 시설들은 지역 식량 자급률을 높이고 운송 과정에서의 탄소 배출을 줄이며, 소비자에게는 더욱 신선하고 안전한 먹거리를 제공하는 새로운 사업 모델로 각광받고 있다.

하지만 이런 혁신의 기회가 모든 경제 주체에게 공평하게 분배되고, 기술 발전의 과실이 사회 전체에 고르게 확산되려면 몇 가지 중요한 과제를 해결해야 한다. 거대 플랫폼 기업에 의한 데이터 독점 및 시장 지배력 남용 방지, 소규모 기업과 스타트업의 공정한 경쟁 환경 조성, 그리고 새로운 기술과 비즈니스 모델의 등장에 따른 기존 산업과의 갈등 조정 및 연착륙 지원 등은 자율 적응 도시의 건강한 경제 생태계 구축을 위해 반드시 고려해야 할 정책적 과제들이다.

5.2

노동 시장의 진화

　인공지능과 자동화 기술의 눈부신 발전은 자율 적응 도시의 노동 시장에 단순한 변화를 넘어선, 가히 혁명적이라고 할 수 있는 구조적 재편을 가져오고 있다. 인간의 육체적, 인지적 노동을 기계가 상당 부분 대체하게 되면서 기존의 많은 일자리가 사라지거나 그 성격이 근본적으로 바뀔 수 있다.

　하지만 동시에 과거에는 존재하지 않았던 새로운 기술과 서비스를 중심으로 하는 다양한 형태의 일자리가 폭발적으로 창출되고 있다. 이런 거대한 전환의 시대에 개인과 사회 전체가 성공적으로 적응하려면 교육 시스템의 근본적인 혁신과 함께, 모든 세대가 지속적으로 새로운 지식과 기술을 습득하고 변화하는 직업 세계에 유연하게 대응할 수 있도록 지원하는 평생학습 체계 구축이 그 어느 때보다 중요해졌다.

자동화와 일자리 창출

많은 사람이 걱정한다. AI와 로봇이 내 일자리를 빼앗아 가지 않을까? 솔직히 말해, 그런 일은 실제로 일어날 것이다. 자율 적응 도시에서는 운전, 제조, 데이터 입력 등 예측 가능하고 반복적인 업무가 자동화되는 것은 거스를 수 없는 흐름이다. 세계경제포럼(WEF) 역시 수많은 기존 일자리의 소멸을 경고한다.

하지만 이것이 이야기의 전부는 아니다. 기술의 발전은 일자리의 '종말'이 아니라, 새로운 '진화'를 의미한다. 마치 과거 타자수가 컴퓨터의 등장으로 사라졌지만, 그보다 훨씬 많은 소프트웨어 개발자와 데이터 분석가가 생겨났듯이 말이다. 자율 적응 도시 역시 과거에는 상상할 수 없었던 새로운 직업들을 탄생시키는 거대한 기회의 땅이 된다.

특히 자율주행 기술의 상용화는 운수업 종사자들에게 직접적인 영향을 미칠 수 있으며, 스마트 팩토리의 확산은 제조업 분야의 단순 생산직 일자리를 크게 감소시킬 수 있다.

그런데 이런 기술 발전이 단순히 일자리를 없애기만 할까? 그렇지 않다. 동시에 과거에는 상상할 수 없었던 새로운 직업군과 고부가가치 일자리를 대거 창출하는 기회가 되고 있다.

예를 들어, 방대한 도시 데이터를 분석하고 의미 있는 통찰을 도출해 도시 정책 수립과 서비스 개선에 기여하는 '도시 데이터 과학자', AI 시스템의 윤리적 문제와 사회적 영향을 평가하고 가이드라인을 제시하는 'AI 윤리 전문가', 도시 곳곳에 설치된 수많은 IoT 센서와 스마트 인프라를 설계, 구축, 유지보수하는 '스마트 인프라 관리 기술자', 그리고 복잡한 도시 시스템의 디지털 트윈을 구축하고 운영하며 다양한 시뮬레이션을 통해 도시 문제 해결 방안을 모색하는 '디지털 트윈 전문가' 등이 미래 자율 적응 도시의 핵심 인력으로 부상하고 있다.

싱가포르 정부가 추진하는 '스마트 모빌리티 2030' 계획은 좋은 사례다. 자율주행차 운행 관리, 데이터 분석, 사이버 보안, 그리고 관련 인프라 유지보수 등 새로운 분야의 전문 기술 인력을 적극적으로 양성해, 기술 변화에 따른 일자리 충격을 최소화하고 새로운 산업 생태계를 구축하는 데 국가적 차원에서 노력하고 있다.

전통적인 농업 분야에서도 변화가 일어나고 있다. IoT 센서, 드론, 로봇 등을 활용하는 스마트팜 운영 기술자나 AI 기반의 작물 생육 상태 진단 및 처방 시스템 관리자와 같이, 전통 산업과 첨단 기술이 성공적으로 융합된 분야에서 새로운 고부가가치 일자리가 빠르게 증가하고 있다.

중요한 것은 이런 일자리 전환 과정에서 발생할 수 있는 잠재적인 사회적 마찰과 갈등을 최소화하고, 모든 노동자가 급변하는 기술 환경에 성공적으로 적응해 새로운 기회를 포착할 수 있도록 지원하는 포괄적이고 선제적인 사회 시스템을 구축하는 것이다.

미래를 위한 교육과 평생학습

급변하는 노동 시장 환경에서 개인과 사회 전체의 적응력을 높이고 지속적인 성장을 가능하게 하는 가장 근본적인 해법은 바로 교육 시스템의 혁신과 평생학습 체계의 확립이다. 세상의 유일한 법칙은 '모든 것은 변한다'는 것뿐이라는 주역의 통찰(1.1절)은 도시뿐만 아니라 개인의 삶에도 그대로 적용된다. 급변하는 노동 시장 환경에서 평생 학습은 단순히 더 나은 직업을 찾기 위한 '수단'이 아니다. 이는 끊임없이 변화하는 세상의 파도 위에서 허우적거리지 않고, 스스로 방향키를 잡고 항해하는 법을 배우는 '삶의 태도' 그 자체이다. 도시가 환경에 맞춰 스스로를 변화시키며 '적응'하듯, 시민 역시 평생에 걸친 학습을 통해 스스로를 계속해서 새롭게 정의하며 '적응'해 나가야 하는 것이다.

미래 사회가 요구하는 핵심 역량은 무엇일까? 복잡한 문제를 창의적으로 해결하는 능력, 비판적 사고력, 데이터 분석 및 활용 능력(디지털 리터러시), 그리고 다양한 배경의 사람들과 효과적으로 소통하고 협업하는 능력 등이다. 이런 역량들을 체계적으로 함양하려면 기존의 주입식, 암기식 교육에서 벗어나 프로젝트 기반 학습, 문제 해결 중심 학습, 그리고 체험형 학습 중심으로 교육 과정과 방식이 근본적으로 혁신되어야 한다.

이미 세계 여러 선진 도시들은 이런 변화에 발맞춰 다양한 노력을 기울이고 있다. 모든 시민이 연령이나 배경에 관계없이 디지털 기술을 배우고 활용할 수 있도록 지원하는 포괄적인 디지털 리터러시 향상 프로그램을 운영하고 있으며, 대학 및 연구기관과의 긴밀한 협력을 통해 산업 현장의 수요를 반영한 최신 기술 교육 커리큘럼을 개발하고 제공하고 있다.

뉴질랜드 정부가 추진하는 '디지털 포용 프로그램(Digital Inclusion Programme)'은 저소득층, 고령층, 농어촌 지역 주민 등 디지털 소외 계층에게 맞춤형 교육과 지원을 제공해 모든 국민이 디지털 경제의 혜택을 누릴 수 있도록 돕고 있다.

미국 시카고시는 지역 내 주요 대학 및 기업들과 파트너십을 맺고, AI, 데이터 과학, 사이버 보안 등 미래 유망 기술 분야의 전문 인력 양성을 위한 공동 교육 과정 개발 및 인턴십 프로그램을 운영하고 있다.

　미래의 교육은 더 이상 특정 연령대에 국한된 일회성 과정이 아니다. 삶의 전 과정에 걸쳐 지속적으로 새로운 지식과 기술을 배우고 자신을 계발해 나가는 '평생학습(Lifelong Learning)'의 형태로 진화할 것이다. 이를 지원하기 위해 정부와 기업, 교육기관은 유연하고 개방적인 학습 플랫폼 구축, 개인 맞춤형 학습 경로 추천, 그리고 학습 결과에 대한 사회적 인정 및 보상 체계 마련 등 다각적인 노력을 기울여야 할 것이다.

5.3

미래행 열차의 티켓:
누구도 소외되지 않는 도시를 향하여

자율 적응 도시라는 화려한 고속 열차가 미래를 향해 출발한다고 상상해 보자. 하지만 이 열차에 모두가 탈 수 있을까? 어떤 사람은 비싼 1등석 표를 쉽게 구하지만, 어떤 사람은 표를 살 돈이 없거나, 휠체어를 타고 있어 열차에 오르지 못하거나, 심지어는 열차가 떠나는 줄도 모를 수 있다.

기술 발전의 그림자: 디지털 격차와 소외

기술 발전의 눈부신 혜택 뒤에는 이처럼 누군가를 플랫폼에 남겨 두고 떠날 수 있는 차가운 그림자가 존재한다. 알고리즘의 편향이 낳는 새로운 차별, 기술 접근 기회의 불평등이 만드는 디지털 소외가 바로 그것이다. 기술 혁신만큼이나 중요한 것, 아니 어쩌면 더 중요한 것은 모든 사람이 이 열차에 함께 탈 수 있도록 하고, 열차가 올바른 방향으로 가도록 하는 일이다. 사회적 형평성과 포용성은 자율 적응 도시의 성공을 위한 선택이 아닌, 필수 조건이다.

디지털 격차 해소와 접근성 보장

첨단 기술을 접하고 활용하는 능력의 차이에서 나타나는 디지털 격차는 자율 적응 도시가 풀어야 할 중요한 숙제다. 저소득층, 고령층, 장애인 등 상대적으로 기술 접근이 어려운 계층이 소외되지 않으려면, 몇 가지 실질적인 지원이 필요하다.

우선 저렴한 인터넷 서비스를 제공하고, 공공장소의 무료 와이파이를 늘려야 한다. 또한 지역 곳곳에 커뮤니티 기술 센터를 만들어 디지털 기술을 배울 수 있는 기회를 제공해야 한다. 실제로 UN 광대역 위원회는 저소득 가정을 위한 경제적인 인터넷 서비스 프로그램을 지원하고 있고, 미국의 여러 도시에서는 소외 지역에 커뮤니티 기술 센터를 세워 컴퓨터 접근과 디지털 교육을 제공하고 있다.

헬싱키의 디지털 트윈 플랫폼은 좋은 사례다. 도시를 설계할 때부터 장애인의 이동 편의성을 고려해서 접근성을 크게 개선했다.

다양한 계층의 통합과 균형

자율 적응 도시는 모든 시민이 도시 운영과 정책 결정에 참여할 수 있고, 기술 발전의 혜택을 고르게 누릴 수 있는 환경을 만들어야 한다. 이를 위해서는 도시를 계획하는 단계부터 다양한 사회 계층의 의견을 듣고, 그들의 필요를 반영하는 참여적 설계 방식이 중요하다.

결국 자율 적응 도시의 진정한 성공은 화려한 기술 그 자체에 있지 않다. 하늘을 나는 자동차나 인공지능 같은 첨단 기술도 중요하지만, 더 중요한 것은 그 기술이 사회에 미치는 영향이 얼마나 공정하고 포용적인가 하는 점이다.

기술 발전의 혜택이 사회 구성원 모두에게 공평하게 돌아가고, 그 과정에서 누구도 소외되거나 차별받지 않을 때, 더 나아가 기술을 통해 사회적 약자의 삶이 더욱 나아질 때, 그때야 비로소 자율 적응 도시는 지속 가능한 미래를 여는 진정한 혁신 모델이 될 수 있다.

경제 구조 변화, 노동 시장 재편, 사회 통합이라는 큰 흐름 속에서 나타나는 여러 형태의 불평등을 해소하고, 모든 시민이 기술의 혜택을 고르게 누릴 수 있도록 하는 것. 이것이 자율 적응 도시가 추구해야 할 궁극적인 목표이자, 지속 가능한 미래를 여는 열쇠가 될 것이다. 네트워크 관점에서 보면 이는 더욱 명확해진다. 네트워크는 가장 약한 연결 고리만큼 강하다. 도시의 일부 시민이 디지털 격차로 인해 소외된다는 것은, 마치 뇌의 특정 신경세포 그룹이 신호를 주고받지 못하는 것과 같다. 그 도시는 결국 덜 똑똑해지고, 덜 창의적이며, 위기 상황에 더 취약해진다. 따라서 사회적 형평성은 단순히 약자를 위한 시혜가 아니라, 도시라는 생명체 전체의 건강과 지능을 위한 필수적인 생존 전략이다.

5.4

미래 세대의 라이프스타일과 새로운 공동체

자율 적응 도시의 진정한 모습은, 그 도시에서 나고 자란 미래 세대, 즉 어댑티브 네이티브(Adaptive Natives)'의 삶을 통해 비로소 완성된다. 태어날 때부터 AI 비서와 대화하고, 자율주행차를 놀이기구처럼 타며, 가상현실을 또 다른 현실로 받아들이는 이들의 가치관과 라이프스타일, 그리고 관계 맺는 방식은 기성세대와는 근본적으로 다를 것이다.

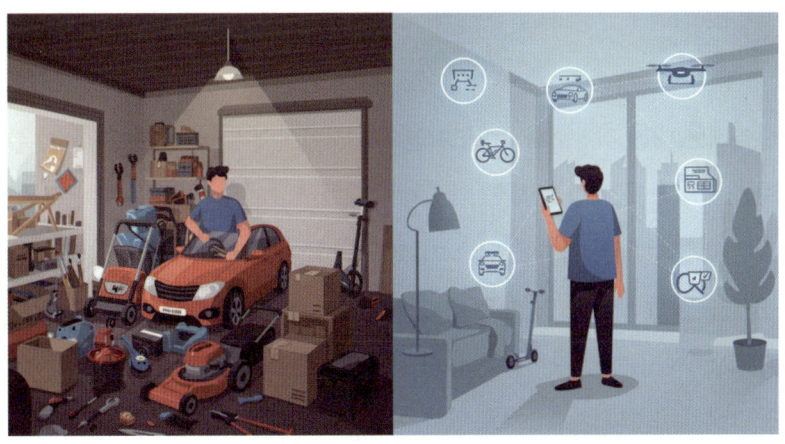

소유에서 경험으로: 미래 세대의 새로운 소비 패러다임

소유에서 경험으로: 구독 경제 세대의 등장

미래 세대에게 '소유'는 더 이상 성공의 척도나 안정의 기반이 아니다. 이들은 자동차, 집, 심지어 가구나 옷까지 소유하기보다는, 필요할 때 언제든 구독하고 빌려 쓰는' 경험 중심의 합리적 소비'를 선호한다. 자율주행 기술과 MaaS 플랫폼은 자동차 소유의 필요성을 없애고, 3D 프린터와 모듈형 가구는 저렴한 비용으로 최신 디자인의 가구를 구독하는 서비스를 가능하게 한다.

이러한 변화는 도시 공간의 의미를 바꾼다. 주차장이 사라진 자리에 공원이 들어서고, 거대한 쇼핑몰 대신 다양한 경험을 제공하는 팝업 스토어와 커뮤니티 공간이 도시의 활력을 만든다. 이들에게 도시는 무언가를 소유하기 위한 장소가 아니라, 다채로운 경험을 즐기고 자신의 정체성을 표현하는 거대한 플랫폼이 된다.

느슨한 연대, 강력한 커뮤니티

미래 세대는 직장이나 학연, 지연으로 맺어진 전통적인 공동체보다, 취향과 관심사를 기반으로 한 디지털 플랫폼에서의 '느슨한 연대'에 더 큰 소속감을 느낀다. 이들은 디스코드(Discord) 채널에서 특정 게임에 대한 전략을 밤새 토론하고, 같은 아이돌을 좋아하는 전 세계 팬들과 트위치(Twitch)에서 함께 라이브 스트리밍을 즐기며, VR챗(VRChat) 같은 가상 공간에서 아바타의 모습으로 만나 현실보다 더 깊은 유대감을 형성한다. 중요한 것은 이러한 온라인상의 유대감이 오프라인의 고립으로 이어지지 않는다는 점이다. 오히려 이들은 온라인에서 형성된 신뢰를 바탕으로, 도시 곳곳의 공유 작업 공간(Co-working space)이나 취미 기반의 워크숍에서 만나 협업하고 새로운 프로젝트를 만들어 낸다. 2024년 기준, 전 세계 긱 경제(Gig Economy) 규모는 4,550억 달러에 달하며, 이러한 유연한 노동 형태가 이들의 주된 경제 활동 방식이 된다.

자율 적응 도시는 이러한 온·오프라인 경계가 허물어진 새로운 공동체를 지원하는 역할을 한다. 도시의 데이터 플랫폼은 같은 관심사를 가진 사람들을 연결해 주고, 유연한 모듈형 공간은 이들의 다양한 프로젝트를 위한 물리적 장소를 제공하며, 도시 전체가 이들의 창의적인 활동을 위한 거대한 인큐베이터가 된다.

미래 세대가 마주할 새로운 질문

물론 이들의 삶에도 새로운 과제는 존재한다. 평생직장의 개념이 사라진 시대에 어떻게 경제적 안정을 유지할 것인가? 알고리즘의 추천에 둘러싸인 삶 속에서 어떻게 자신만의 고유한 정체성을 지켜 낼 것인가? 그리고 현실과 가상의 경계가 모호해지는 세상에서 진정한 인간관계의 의미는 무엇인가?

자율 적응 도시는 이러한 질문에 대한 답을 찾아가는 미래 세대의 위대한 실험장이 될 것이다. 기술은 이들에게 과거에는 상상할 수 없었던 자유와 기회를 제공하지만, 그 기술을 어떻게 사용하여 의미 있는 삶과 지속 가능한 공동체를 만들 것인지는 온전히 이들의 선택에 달려 있다.

그렇다면, 이처럼 경제 구조와 일자리가 바뀌고 새로운 공동체가 형성되는 도시에서, 우리 개인의 내면과 정신 건강은 어떤 변화를 겪게 될까? 다음 6장에서는 기술이 인간의 마음에 미치는 영향을 깊이 있게 탐구해 본다.

6.

도시의 온도, 사람의 마음: 디지털 시대의 도시 심리학과 웰빙

6.1

똑똑한 도시는 행복한 도시인가?

지금까지 우리는 자율 적응 도시가 가져올 눈부신 효율성과 편리함에 대해 이야기했다. 막힘없이 흐르는 교통, 낭비 없는 에너지, 재난을 미리 막아 주는 시스템까지, 기술이 선사할 유토피아적 풍경은 충분히 매력적이다. 하지만 여기서 우리는 가장 근본적인 질문을 던져야 한다. "그래서, 그 똑똑한 도시에서 사는 우리는 과연 행복할까?"

역설적이게도 기술은 종종 우리의 행복을 방해한다. 스마트폰은 우리를 전 세계와 연결해 주었지만, 동시에 바로 옆 사람과의 대화를 앗아 갔다. 추천 알고리즘은 내 취향에 맞는 콘텐츠를 끝없이 보여 주지만, 새로운 세계를 발견하는 기쁨을 앗아 간다. 이처럼 기술이 주는 편리함이 오히려 우리를 무기력하게 만들거나, 보이지 않는 스트레스를 유발하는 '편리함의 역설'은 이미 우리 삶 깊숙이 들어와 있다.

자율 적응 도시의 목표는 단순히 똑똑한 도시(Smart City)를 넘어, 시민들이 정신적으로 건강하고 행복한 삶을 누리는 '현명한 도시(Wise City)'가 되어야 한다. 그러기 위해서는 도시의 효율성을 높이는 기술만큼이나,

그 안에서 살아갈 사람의 마음을 섬세하게 들여다보는 도시 심리학적 접근이 필수적이다. 이 장에서는 기술이 인간의 내면에 미치는 영향을 깊이 탐구하고, 어떻게 하면 도시가 시민들의 정신적 웰빙까지 돌보는 따뜻한 공간이 될 수 있을지 그 해법을 모색한다.

철학자 쇼펜하우어는 인간의 삶이 '더 많이, 더 빨리, 더 효율적으로'를 외치는 맹목적인 '의지(Will)'에 이끌리기에 본질적으로 고통스럽다고 진단했다.

어쩌면 현대 도시가 추구하는 완벽한 최적화와 효율성은 바로 이 의지의 현대적 발현일지도 모른다. 끊임없이 더 편리해져야 한다는 기술의 의지가, 오히려 우리를 디지털 피로감이라는 새로운 고통으로 몰아넣고 있는 것이다.

쇼펜하우어는 이 고통에서 벗어나는 길로 '미학적 관조'를 제시했다. 이는 이익이나 목적 없이 대상을 순수하게 바라보는 경험이다. 이와 마찬가지로, 이 장에서 우리가 찾을 해법 역시 도시를 '효율성의 도구'가 아닌 '미학적 관조의 대상'으로 만드는 데 있다. 기술의 소음에서 벗어나 도시의 역사와 장소성을 느끼고(6.4절), 자연의 아름다움을 경험하며(6.3절), 그 안에서 잠시나마 평온을 찾는 것. 이것이 마음을 돌보는 도시가 시민에게 줄 수 있는 최고의 선물이 될 것이다.

6.2

초연결 시대의 고독:
디지털은 우리를 어떻게 갈라놓는가?

자율 적응 도시는 모든 것이 연결된 '초연결 사회'를 지향한다. 하지만 이 눈부신 연결성이 오히려 더 깊은 단절과 고독을 낳을 수 있다는 경고의 목소리가 높다.

초연결이 만든 역설: 디지털 고독

가장 대표적인 것이 바로 '필터 버블(Filter Bubble)' 현상이다. 페이스북이나 유튜브 같은 플랫폼의 추천 알고리즘은 사용자가 좋아할 만한 정보만을 계속해서 보여 준다. 이는 사용자를 자신과 비슷한 생각의 울타리 안에 가두어, 다른 의견을 가진 사람들과 소통할 기회를 차단하고 사회 전체의 양극화를 심화시키는 원인이 된다.

또한, SNS 사용 시간이 길수록 타인의 삶과 자신을 비교하게 되면서 느끼는 상대적 박탈감이나, 좋은 모습만 보여 줘야 한다는 압박감으로 인해 우울감과 사회적 고립감이 높아질 수 있다는 연구 결과는 꾸준히 발표되고 있다. 2024년 미국 심리학회(APA)의 보고서에 따르면, 특히 청소년기에 과도한 SNS 사용은 자존감 하락 및 불안 증세와 유의미한 상관관계를 보인다.

이러한 현상은 자율 적응 도시 환경에서 더욱 증폭될 수 있다. 도시의 AI가 나의 모든 취향과 동선을 파악하여, 내가 좋아할 만한 경로, 내가 만날 만한 사람, 내가 즐길 만한 장소만을 계속해서 추천한다고 상상해 보자. 이런 '완벽한 개인 맞춤형 도시'는 표면적으로는 최고의 효율과 만족을 주는 것처럼 보인다. 하지만 그 이면에서는, 나와 다른 배경을 가진 사람들과 우연히 마주칠 기회, 계획에 없던 골목길을 발견하는 설렘, 예상치 못한 대화가 주는 즐거움이 사라진다. 모든 것이 예측 가능한 알고리즘의 통제 아래 놓이면서, 시민들은 자신도 모르는 사이에 보이지 않는 디지털 벽 안에 스스로를 고립시키는 '계획된 고독(Programmed Solitude)'에 빠질 위험이 크다.

6.3

디지털 웰빙을 위한 도시 설계: '캄테크(Calm Tech)'의 원리

그렇다면 기술이 우리를 방해하지 않고, 오히려 마음의 평화를 주도록 도시를 설계할 수는 없을까? 그 해답의 실마리를 '캄테크(Calm Technology)', 즉 '고요한 기술'이라는 철학에서 찾을 수 있다.

'캄테크'는 1990년대 제록스 파크(Xerox PARC)의 연구원이었던 마크 와이저(Mark Weiser)와 존 실리 브라운(John Seely Brown)이 제시한 개념이다. 기술이 사용자의 모든 주의를 빼앗는 것이 아니라, 마치 잘 만들어진 가구처럼 일상 속에 조용히 존재하다가, 사용자가 정말 필요로 할 때만 최소한의 정보로 도움을 주어야 한다는 것이 핵심 철학이다.

우리는 이 캄테크의 원리를 도시 전체에 적용할 수 있다. 예를 들어, 재난 경보를 모든 시민의 스마트폰에 시끄러운 알람으로 보내는 대신, 도시의 모든 가로등 색깔을 일제히 붉은색으로 미묘하게 바꾸어 위험 상황임을 직관적으로 알리는 방식이다. 버스 정류장의 안내판이 평소에는 주변 풍경과 어우러지는 미디어 아트 작품처럼 보이다가, 내가 탈 버스가 접근할 때만 내 눈앞에 부드러운 불빛으로 도착 정보를 표시해 주는 것도 캄테크적 상상력이다. 이는 불필요한 정보의 홍수로부터 시민을 해방시키고, 도시를 더 평온하고 미학적인 공간으로 만든다. 즉, '고요한 기술'은 우리를 끊임없이 자극하는 기술의 '의지(Will)'로부터 한 걸음 물러나, 도시 환경을 그저 평온하게 경험하게 함으로써 쇼펜하우어가 말한 '미학적 관조'의 순간을 제공하는 것이다.

고요한 기술: 주의를 뺏지 않고 알려 주는 지혜

이러한 접근의 연장선상에서, 도시 곳곳에 의도적으로 통신망 연결을 차단하거나 속도를 늦춘 '디지털 디톡스 공원(Digital Detox Park)'이나 쉼터를 조성하는 전략도 생각해 볼 수 있다. 이곳에서 시민들은 잠시 스마트폰을 내려놓고, 자연의 소리에 귀 기울이며, 옆 사람의 얼굴을 보고 대화하는 아날로그적 휴식을 즐길 수 있다.

또한, 자연을 접하는 것이 인간의 스트레스를 줄이고 인지 능력을 향상시킨다는 것은 수많은 연구를 통해 증명된 사실이다. 이를 '바이오필리아

(Biophilia)' 효과라고 하며, 도시 설계에 자연 요소를 적극적으로 도입하는 것을 '바이오필릭 디자인(Biophilic Design)'이라고 한다. 싱가포르의 창이공항 내부에 거대한 인공 폭포와 실내 정원을 조성한 것이나, 최근 세계적으로 주목받는 병원 건축이 환자의 빠른 회복을 위해 창밖에 녹지를 배치하는 것이 모두 이 원리를 적용한 사례다.

자율 적응 도시는 단순히 녹지 면적을 늘리는 것을 넘어, AI와 IoT 센서를 활용해 바이오필릭 디자인을 극대화한다. 실내 공기 질 데이터에 따라 벽면 녹화 시스템의 식물 종류를 바꾸어 최적의 실내 환경을 만들고, 시민의 스트레스 지수 데이터를 분석해 유동인구가 많은 광장에 심리적 안정감을 주는 색상의 꽃을 심거나, 새소리 같은 자연의 소리를 배경음으로 잔잔하게 들려주는 등 도시 전체가 하나의 거대한 '치유의 정원'이 되도록 설계될 수 있다.

6.4

장소성의 재발견: 기술은 어떻게 도시의 기억을 되살리는가?

효율적인 기술은 전 세계 어느 도시든 비슷하게 만들 수 있다. 하지만 사람들은 자신이 사는 도시에 특별한 의미와 애착을 느끼고 싶어 한다. 이것이 바로 그 장소만이 가진 고유한 역사와 문화, 분위기를 의미하는 '장소성(Placeness)'이다. 장소성이란 단순히 어디인지 '아는 것'을 넘어, 그곳에 나의 시간이, 우리의 추억이 깃들어 있음을 '느끼는 것'이다.

기술로 되살아난 도시의 기억: 증강현실과 장소성

그것은 무미건조한 공간(space)이 나에게 특별한 의미를 지닌 장소(place)로 변하는 마법과도 같은 순간이다. 자율 적응 도시의 기술은 이러한 장소성을 파괴하는 것이 아니라, 오히려 잊혔던 도시의 기억을 되살려 장소성을 강화하는 강력한 도구가 될 수 있다. 자율 적응 도시의 기술은 이러한 장소성을 파괴하는 것이 아니라, 오히려 잊혔던 도시의 기억을 되살려 장소성을 강화하는 강력한 도구가 될 수 있다.

철학자 이-푸 투안(Yi-Fu Tuan)은 그의 저서 『공간과 장소(Space and Place)』에서, 인간의 경험과 기억이 더해질 때 비로소 추상적인 '공간'이 의미 있는 '장소'가 된다고 설명했다. 기술은 바로 이 '경험과 기억'을 되살리는 역할을 한다.

대표적인 예가 증강현실(AR) 기술을 활용한 '디지털 헤리티지(Digital Heritage)' 프로젝트다. 서울시는 2019년, 일제강점기에 강제 철거된 '돈의문'을 AR 기술로 완벽하게 복원했다. 시민들은 스마트폰 앱을 통해 현재는 도로가 되어 버린 그 자리에 웅장했던 돈의문의 옛 모습을 불러내고, 그 문을 통과하는 가상 체험을 할 수 있다. 이는 기술이 도시의 사라진 역사를 시민들의 기억 속에 되살려 낸 성공적인 사례다.

미래의 자율 적응 도시에서는 이러한 시도가 도시 전체로 확장된다. 예를 들어, 내가 걷는 평범한 보도블록을 스마트폰으로 비추면, 50년 전 이곳에 있었던 낡은 서점의 모습과 그 서점 주인의 인터뷰 영상이 AR로 나타난다. 무심코 지나치던 공원의 벤치에는, 수십 년간 그 벤치에 앉아 데이트를 했던 노부부의 사랑 이야기가 음성으로 흘러나온다. 이처럼 도시는 거대한 '이야기 박물관'이 되며, 시민들은 일상 속에서 도시의 역사와 다른 시민들의 삶에 연결되면서 자신이 사는 곳에 대한 깊은 애착과 자부

심을 느끼게 된다. 기술이 효율을 넘어 감동과 의미를 만들어 내는 것이다. 시민들은 효율성의 도구가 아닌 '이야기 박물관'으로서의 도시를 목적 없이 거닐며, 쇼펜하우어가 말한 고통스러운 '의지'의 세계에서 벗어나 순수한 '관조'의 기쁨을 맛보게 된다.

6.5

마음을 돌보는 도시의 탄생

지금까지의 논의를 종합해 보면, 자율 적응 도시가 지향해야 할 가장 궁극적인 모습이 드러난다. 그것은 바로 시민들의 물리적 안전과 편리를 넘어, 정신적 웰빙과 행복까지 적극적으로 돌보는 '마음을 가진 도시'이다.

MIT 미디어랩의 로잘린드 피카드(Rosalind Picard) 교수가 개척한 '감성 컴퓨팅(Affective Computing)' 분야는 컴퓨터가 인간의 감정 상태를 인식하고 그에 적절하게 반응하는 기술을 연구한다. 웨어러블 기기의 심박수나 피부 전도도 변화를 통해 스트레스 지수를 파악하는 기술은 이미 상용화되어 있다.

이러한 기술을 도시 규모로 확장하고, 철저한 익명화와 개인정보보호 원칙 아래 적용하는 것을 상상해 볼 수 있다. 도시의 AI가 특정 지역의 교통량 데이터(경적 소리, 급정거 횟수), 공공 와이파이 접속 데이터(SNS의 부정적 감성 단어 사용 빈도), 보행 속도 변화 등을 종합 분석하여 도시의 '집단 스트레스 지수'를 간접적으로 파악하는 것이다. 만약 특정 업무지구의 스트레스 지수가 며칠째 높게 나타나면, 도시 시스템은 자율적으로 그 지역의 가로등 조명을 심리적 안정감을 주는 푸른 계열로 바꾸고, 점심시간에 주변 공원의 스피커에서 명상 음악을 잔잔하게 틀어 주는 식의 '도시적 처방'을 내릴 수 있다.

마음을 돌보는 도시의 작동 원리: 도시적 처방

물론 이는 매우 조심스럽게 접근해야 할 미래의 비전이다. 하지만 중요한 것은 기술의 방향성이다. 이 '마음을 돌보는 도시'라는 비전은 인류가 한 번도 가 보지 못한 길이다. 한편으로는 도시가 시민의 고통에 응답하는 따뜻한 치유자가 될 수 있다는 경이로운 가능성을 보여 주지만, 다른 한편으로는 집단 감성에 개입하고 보이지 않게 통제할 수 있다는 섬뜩한 위험성 또한 내포한다. 따라서 이 기술의 개발과 적용은, 우리가 4장에서 논의했던 그 어떤 거버넌스 원칙보다도 더 높은 수준의 사회적 합의와 윤리적 투명성을 요구한다. 자율 적응 도시의 기술은 단순히 문제를 해결하는 것을 넘어, 시민들의 삶을 더 깊이 이해하고, 보이지 않는 마음의 상처까지 보듬어 주는 '치유적 환경(Therapeutic Environment)'을 만드는 데 사용될 수 있다.

결국, 가장 완벽한 자율 적응 도시는 가장 많은 기술을 가진 도시가 아니라, 그 기술을 사용하여 시민 한 사람 한 사람의 마음에 가장 가까이 다가가는 도시일 것이다. 이는 우리가 기술을 통해 도달해야 할 가장 인간적인 목표이자, 이 책이 제시하는 미래 도시의 최종적인 모습이다.

이처럼 인간의 마음까지 돌보는 도시가 영원히 존재하기 위해서는, 도시 자체가 기후변화와 재난이라는 외부의 거대한 위협으로부터 살아남을 수 있는 힘, 즉 지속 가능성과 회복력을 갖추어야 한다. 다음 7장에서는 도시의 생존 전략에 대해 알아본다.

7.

도시의 생존법: 지속가능성과 회복력

자율 적응 도시는 단순히 똑똑하고 효율적인 기계가 아니다. 이는 지구 온난화와 예측 불가능한 재난이라는 거대한 위협 앞에서, 도시가 스스로를 치유하고 생존하며 더 강하게 성장하는 '살아 있는 생명체'이다. 과거의 도시가 성장에 초점을 맞췄다면, 미래의 도시는 환경과의 공존, 그리고 끊임없는 변화에 대한 적응을 핵심 가치로 삼는다.

이번 장에서는 이 지능을 가진 생명체가 어떻게 혹독한 환경에서 살아남는지, 그 생존 전략을 두 가지 측면에서 살펴본다. 첫째, 자신의 활동이 환경에 미치는 영향을 최소화하는 '대사 조절' 능력, 즉 '탄소 중립과 순환 경제'이다. 둘째, 외부의 갑작스러운 충격에 신속하게 대응하고 스스로를 복구하는 '면역 및 치유' 능력, 즉 '예측과 적응을 통한 위기관리'이다. 이 놀라운 생존 전략들을 통해 자율 적응 도시가 어떻게 지속 가능한 미래를 여는지 구체적으로 탐구한다.

7.1

탄소 중립과 순환경제

살아 있는 모든 생명체는 주변 환경과 에너지를 주고받으며 살아간다. 하지만 지난 세기 동안 현대 도시는 지구로부터 너무 많은 것을 취하고, 너무 많은 쓰레기와 탄소를 내뿜는 '지구를 병들게 하는 존재'에 가까웠다. 자율 적응 도시는 이러한 일방적인 관계를 끝내고, 자연 생태계의 일부로서 조화롭게 살아가는 법을 배운 도시다.

그 생존 전략은 두 가지로 요약된다. 첫째, 도시 활동으로 인한 온실가스 순 배출량을 '0'으로 만들어 기후변화의 원인을 제거하는 '탄소 중립'이다. 둘째, 자연에 '쓰레기'라는 개념이 없듯, 사용한 모든 자원을 다시 유용한 자원으로 되돌리는 '순환 경제'를 완성하는 것이다. 이 두 가지 전략이 어떻게 도시의 신진대사를 완벽하게 바꿔 놓는지 지금부터 살펴본다.

쓰레기 없는 도시: 완벽한 신진대사의 구현, 순환 경제

탄소 중립 도시 설계

　탄소 중립 도시는 도시 활동으로 인해 발생하는 온실가스의 순 배출량을 '0'으로 만드는 것을 목표로 한다. 이는 에너지 생산 및 소비, 교통, 건축, 산업, 폐기물 처리 등 도시 시스템 전반에 걸친 근본적인 전환을 요구한다.

　자율 적응 도시의 첨단 기술들은 이러한 야심찬 목표를 달성하는 데 핵심적인 역할을 한다. AI와 IoT 기술은 도시 전체의 에너지 소비 패턴을 건물 단위, 심지어 가구 단위까지 정밀하게 분석하고 실시간으로 예측하여 불필요한 에너지 낭비를 원천적으로 차단한다. 동시에 태양광, 풍력, 지열 등 다양한 신재생에너지원의 생산량과 도시의 에너지 수요를 실시간으로 매칭하여 스마트 그리드를 통해 효율적이고 안정적으로 에너지를 공급한다.

전 세계 탄소 중립 도시 사례
덴마크 코펜하겐
코펜하겐은 2025년까지 세계 최초의 탄소중립 수도가 되겠다는 목표를 세웠다. 시민의 50% 이상이 자전거로 통근하는 자전거 중심의 교통 인프라를 구축하고, 해상 풍력발전 단지를 통해 도시 전력의 상당 부분을 공급하며, 건물 에너지 효율 기준을 강화하는 등 다각적인 노력을 기울이고 있다.

아랍에미리트 마스다르 시티
사막 한가운데 건설된 이 실험도시는 탄소 배출 제로, 폐기물 제로, 내연기관 차량 제로라는 '3무(無) 원칙'을 기반으로 한다. 100% 재생에너지(주로 태양광)로 도시 전체 에너지를 공급하고, 자연 통풍과 그늘을 극대화하는 전통 아랍 건축 양식과 현대 기술을 결합하여 냉방 에너지 소비를 최소화하고 있다.

싱가포르의 버추얼 싱가포르
도시 전체를 3차원 디지털 트윈으로 구축하여 새로운 건물 설계나 도시 개발 계획이 에너지 소비 및 탄소 배출에 미치는 영향을 사전에 정밀하게 시뮬레이션한다. AI 알고리즘을 통해 수만 개의 건물에 설치된 센서 데이터를 분석하여 각 건물의 냉방 온도를 $0.1℃$ 단위로 최적 제어함으로써 국가 전체적으로 상당한 에너지 절감 효과를 거두고 있다.

네덜란드 암스테르담 스쿤쉽

이 수상 주거 단지는 각 주택에 고효율 단열재, 태양광 패널, 태양열 보일러, 그리고 운하의 물을 열원으로 사용하는 수열 히트펌프 등을 적용하여 에너지 자립을 달성했다. 남는 전력은 블록체인 기반의 P2P 거래 플랫폼을 통해 이웃 간에 안전하고 투명하게 공유하는 혁신적인 커뮤니티 에너지 모델을 구현했다.

하지만 이러한 탄소 중립 도시를 현실로 만들기 위해서는 여러 과제가 남아 있다. 신재생에너지 발전 시설 및 스마트 그리드 구축에 필요한 막대한 초기 투자 비용, 기존 도시의 노후화된 인프라와 새로운 기술 시스템 간의 복잡한 통합 문제, 그리고 무엇보다 시민들의 에너지 절약 습관화와 친환경 생활 방식으로의 전환이 필요하다.

건강한 생명체는 자신이 섭취한 것을 완벽하게 소화하고 에너지로 쓰며, 배설물조차 자연의 일부로 되돌려 다른 생명을 키운다. 이것이 바로 '완벽한 신진대사'이다. 순환 경제란, 도시라는 거대 유기체가 바로 이러한 자연의 완벽한 신진대사를 배우는 것이다. 자원의 채취부터 생산, 소비, 폐기까지의 일방통행식 경제를 끝내고, 버려지는 모든 것을 다시 도시의 성장을 위한 영양분으로 되돌리는 완벽한 순환 고리를 만드는 것이다. 자율 적응 도시는 첨단 기술을 통해 이 위대한 도전을 현실로 만든다.

자율 적응 도시는 첨단 기술을 활용하여 자원의 채취, 생산, 소비, 폐기, 그리고 재활용에 이르는 전 과정을 지능적으로 관리하고 혁신함으로써 도시의 생태적 발자국을 획기적으로 줄이고 환경과 경제가 선순환하는 지속 가능한 발전 모델을 구현한다.

폐기물 관리와 재활용 시스템

AI와 IoT 기술은 과거의 비효율적이고 환경오염을 유발했던 전통적인 폐기물 수거 및 처리 방식을 근본적으로 혁신한다.

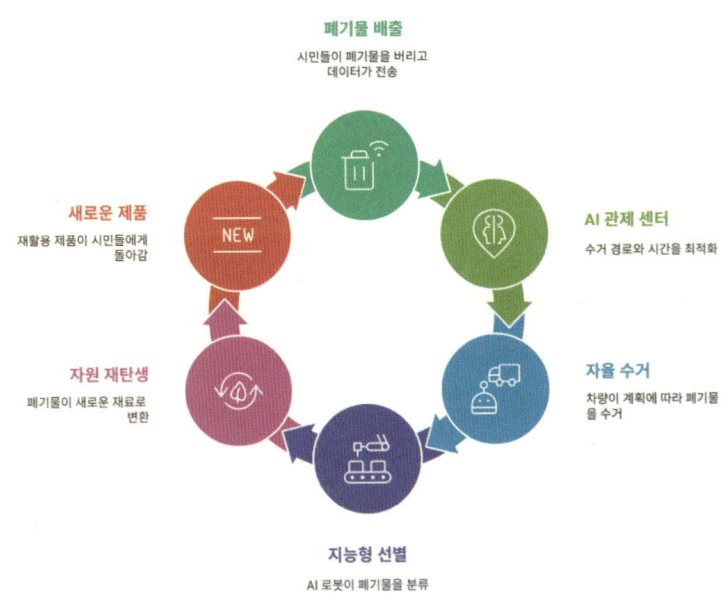

쓰레기가 자원이 되는 도시: 지능형 순환 경제 시스템

1) 스마트 폐기물 관리 시스템

도시 곳곳에 설치된 '스마트 쓰레기통'은 내부에 장착된 센서를 통해 쓰레기의 종류와 적재량을 실시간으로 모니터링하고, 이 데이터를 중앙 관제 시스템으로 전송한다. AI는 수집된 데이터를 분석하여 각 쓰레기통의 최적 수거 시점과 경로를 계산하고, 이를 수거 차량에 자동으로 안내함으로써 불필요한 운행을 줄여 연료 소비와 탄소 배출을 최소화한다.

스페인 바르셀로나

스마트 쓰레기통 시스템을 도시 전역에 광범위하게 도입하여 폐기물 수거 비용을 절감하고 도시 미관을 개선하는 성과를 거두었다. 일부 지역에서는 음식물 쓰레기의 경우 발생 즉시 미생물 분해를 통해 바이오가스로 전환하거나 퇴비로 만드는 현장 처리 시스템을 시범 운영하고 있다.

서울시

RFID 태그를 부착한 종량제 봉투와 재활용품 분리수거함 시스템을 운영하고 시민들의 적극적인 참여를 성공적으로 유도하고 있다.

2) AI 기반 자동 분류 시스템

AI 기반 로봇 기술은 인간 작업자가 수행하기 어렵거나 위험한 폐기물 선별 과정의 정확도와 속도를 획기적으로 향상시킨다.

싱가포르

최첨단 폐기물 처리 시설에서는 고성능 카메라와 다양한 센서를 탑재한 AI 분류 로봇이 컨베이어 벨트를 따라 이동하는 폐기물들을 초당 수십 개씩 정확하게 식별하고 플라스틱, 금속, 종이 등 12가지 이상의 카테고리로 정밀하게 자동 분류한다. 이후 초음파 세척 시스템과 광학 선별기를 통해 재활용 물질의 순도를 높여 고품질의 재생 원료를 생산하고 있다.

네덜란드 암스테르담

디지털 마켓플레이스를 구축하여 건설 현장이나 산업 공정에서 발생하는 잉여 자재, 부산물, 또는 폐기물을 필요로 하는 다른 기업이나 개인과 연결해 준다. 데이터 분석을 통해 최적의 자재 공급과 수요를 효과적으로 매칭함으로써 자원 낭비를 최소화하고 새로운 경제적 가치를 창출하는 혁신적인 순환 경제 모델을 운영하고 있다.

하지만 이러한 기술적 성취에도 불구하고, 시민들의 생활 습관과 깊이 연관된 분리배출 문화의 정착, 파편화된 개별 기술들을 도시 전체 시스템으로 매끄럽게 통합하는 복잡성, 그리고 재활용된 자원이 실제 경제적 가치를 지니고 순환될 수 있도록 하는 안정적인 재활용 제품 시장의 부재 등은 여전히 넘어야 할 과제다.

7.2

예측과 적응으로 위기 넘기

건강한 생명체는 외부의 바이러스나 충격에 맞서는 강력한 면역 체계와 스스로 상처를 치유하는 놀라운 회복력을 지니고 있다. 자율 적응 도시 역시 마찬가지다. 고대 스토아 철학자들이 "우리는 사건에 흔들리는 것이 아니라, 사건에 대한 우리의 판단에 흔들린다"고 말했듯, 도시의 운명 또한 재난 그 자체가 아니라 재난에 대처하는 방식에 의해 결정된다.

AI 재난 대응: 스스로 시민을 구하는 도시

도시는 지진이 일어날지 말지를 통제할 수 없지만, 그 지진에 어떻게 반응할지는 통제할 수 있다. 기후변화가 불러오는 슈퍼 태풍과 홍수는 우리가 바꿀 수 없는 거대한 운명(Amor Fati)과 같지만, 그 운명 앞에서 도시의 피해를 최소화하고 시민의 생명을 지키는 용기와 지혜, 즉 도시적 덕(Urban Virtue)을 발휘할 수는 있다. 이것이 바로 자율 적응 도시가 추구하는 회복력의 진정한 의미다. 이는 단순히 더 높은 방벽을 쌓는 수동적 방어를 넘어, AI의 눈으로 위험을 먼저 내다보는 '예측 분석', 도시 전체가 하나의 구조팀처럼 움직이는 '자율적 응급 대응', 그리고 충격을 흡수하고 스스로 상처를 메우는 '회복력 있는 인프라'라는 세 가지 능력이 결합된, 한 차원 높은 생존 전략이다.

극단적 기후에 대한 적응 전략

자율 적응 도시는 단순히 탄소 배출을 줄이는 것을 넘어, 이미 현실화된 극단적 기후 현상에 효과적으로 대응하기 위한 선제적이고 지능적인 '적응' 전략을 개발한다.

도시 곳곳에 설치된 IoT 센서 네트워크는 기온, 습도, 강우량, 풍속, 하천 수위, 토양 수분 함량 등 다양한 환경 데이터를 실시간으로 수집한다. AI 알고리즘은 이 데이터를 과거 기상 데이터, 지형 정보, 도시 인프라 취약성 데이터 등과 결합하여 특정 지역의 홍수, 폭염, 가뭄 등의 위험을 수시간에서 수일 전에 높은 정확도로 예측한다.

1) 주요 적응 사례

미국 뉴욕시

허리케인과 해수면 상승으로 인한 해안 지역의 홍수 위험을 관리하기 위해 '해안 복원 프로그램'을 운영한다. 해안선을 따라 수백 개의 조위계, 파고계, 기상 센서를 설치하고, 이를 AI 기반의 홍수 예측 모델과 연동한다. 이 시스템은 태풍 접근 시 예상 침수 범위와 시간을 정밀하게 예측하여 위험 지역 주민들에게 실시간으로 대피 경보를 발령하고, 자동으로 교통 신호 체계를 변경하여 대피 경로를 확보한다.

일본 도쿄

지진 및 쓰나미 발생에 대비하여 도시 전역에 설치된 수천 개의 지진계와 GPS 센서 데이터를 AI가 실시간 분석한다. 지진 발생 후 수 초 내에 쓰나미 도달 시간과 예상 높이를 예측하고, 이를 기반으로 시민들에게 즉각적인 경보를 발령하며 최적의 대피 경로를 안내하는 첨단 재난 관리 시스템을 운영한다.

2) 유동형 인프라의 등장

전통적인 고정형 인프라의 한계를 넘어, 도시 인프라 자체가 변화하는 환경 조건에 능동적으로 형태나 기능을 바꾸며 대응하는 '유동형 인프라' 개념이 주목받고 있다. 이는 예측 불가능한 기후 변화에 도시가 수동적으로 견디는 것을 넘어, AI와 첨단 소재 기술을 통해 인프라 스스로 최적의 상태로 변화하며 피해를 최소화하는 한 차원 높은 '적응성'을 의미한다.

네덜란드 로테르담

도로 표면에 미세한 균열이 발생하면 내장된 특수 물질이 스스로 흘러나와 균열을 메우는 '자가치유 아스팔트' 기술을 시범 적용하여 도로 유지보수 비용을 절감하고 내구성을 높이고 있다.

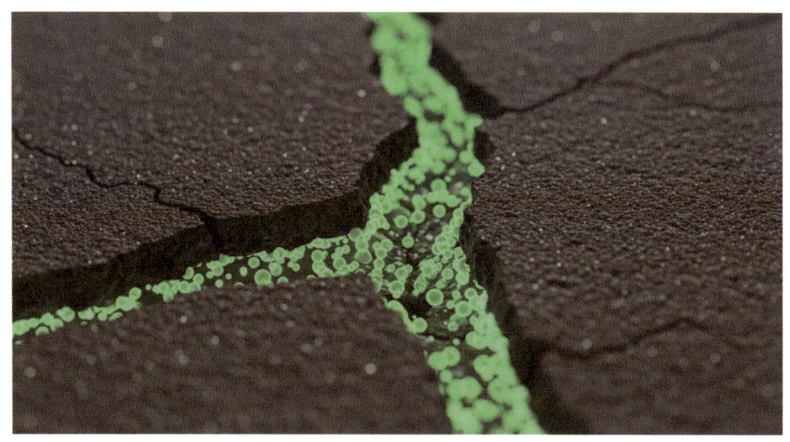

살아 있는 인프라: 스스로 상처를 치유하는 도로

암스테르담 스쿤쉽

수상 가옥들은 운하의 수위 변화에 따라 구조물 전체가 물 위에 떠서 자동으로 높낮이를 조절하는 '부양식 기초'를 채택하여 침수 위험 없이 안전하게 거주할 수 있도록 설계되었다.

예측 분석과 자율적 응급 대응

재난을 예방하려면 먼저 그것을 예측할 수 있어야 한다. AI는 과거의 재난 데이터와 실시간으로 수집되는 기상, 지질, 수위 정보, 그리고 인구 이동이나 SNS 동향 같은 사회적 데이터까지 종합적으로 분석한다. 이를 통해 재난이 언제, 어디서, 얼마나 큰 규모로 발생할지 미리 내다볼 수 있게 되었다.

미국 로스앤젤레스의 사례가 대표적이다. 이 도시는 AI 시스템을 활용해 산불 위험이 높은 지역을 사전에 파악하고, 소방 자원을 전략적으로 배치한다. 덕분에 초기 진화 성공률이 눈에 띄게 향상되었다.

AI의 예측 경보가 울린 후 재난이 실제로 닥친 순간, 도시는 하나의 거대한 구조팀처럼 움직인다. 수십 대의 드론이 즉시 하늘로 솟아올라 피해 지역의 영상을 실시간으로 관제 센터에 전송하고, AI는 이 영상을 분석해 고립된 생존자의 위치를 0.1초 만에 찾아낸다. 인간이 접근하기 힘든 붕괴 현장에는 네 발로 걷는 구조 로봇이 투입되어 장애물을 헤치며 생존자를 수색하고, 자율주행 트럭은 구호 물품을 싣고 가장 안전한 경로로 대피소에 도착한다. 도시의 두뇌는 이 모든 상황을 통합 관제하며, 구조대원들에게는 최적의 구조 계획을, 시민들에게는 가장 안전한 정보를 실시간으로 제공한다. 이는 더 이상 영화 속 상상이 아니다.

더 놀라운 건 자동화된 비상 관리 시스템이다. 재난 상황이 감지되면 가스나 전기, 통신망을 자동으로 차단해 2차 피해를 방지하고, 상황이 안정되면 다시 복구 작업을 시작한다. 뉴욕의 교통 디지털 트윈은 재난 발생 시 실시간 교통 상황을 파악해 시민들에게 최적의 대피 경로를 안내하고, 응급 차량의 신속한 이동을 돕는다. 한편 로테르담에서는 자기치유 콘크리트가 도로와 건물의 작은 균열을 스스로 메워 가며 복구 시간과 비용을 크게 줄이고 있다.

하지만 기술만으로는 한계가 있다. 실제 재난 상황은 예측 불가능하고 복잡다단하다. AI의 신속한 분석 능력만으로는 모든 문제를 해결할 수 없다. 바로 여기서 인간 전문가와의 협업이 빛을 발한다. AI의 데이터 분석 능력과 인간의 직관, 경험, 윤리적 판단이 만나는 '인간-AI 협업' 체계야말로 진정한 재난 대응의 핵심이다.

예측 모델의 정확도를 높이는 것은 계속해서 풀어야 할 기술적 숙제이다. 동시에 자율 시스템의 결정에 대한 시민들의 신뢰를 얻는 것도 중요한 사회적 과제이다. 결국 기술은 보조적인 역할을 하고, 최종적인 책임과 판단은 인간이 져야 한다는 점을 명확히 해야 한다.

도시 회복력 강화 방안

도시 회복력이란 재난이나 위기 상황에서도 도시가 핵심 기능을 유지하며 신속하게 회복할 수 있는 종합적인 능력을 말한다. 자율 적응 도시는 데이터 분석을 통해 도시 인프라, 사회 시스템, 경제 구조의 약한 고리들을 미리 찾아내고, 이를 보강하는 맞춤형 전략을 세운다.

2012년 허리케인 샌디가 뉴욕을 강타했을 때, 도시는 큰 상처를 입었지만 값진 교훈도 얻었다. 이후 뉴욕시는 해안 인프라를 대폭 강화하고, 홍수 방지 시설을 개선했으며, 에너지 공급망도 다각화했다. 이 과정에서 AI와 시뮬레이션 기술이 큰 역할을 했다. 다양한 기후 시나리오에 따른 도시의 취약점을 정밀하게 진단하고, 가장 효과적인 대응 방안을 찾아낼 수 있었다.

디지털 플랫폼은 시민 참여의 새로운 장을 열어 준다. 재난이 발생하면 시민들은 플랫폼을 통해 피해 상황을 실시간으로 공유하고, 자원봉사 활동을 조직하며, 지역사회 중심의 복구 계획을 직접 세우는 데 참여할 수 있다. 빅데이터 분석은 재난 상황에서 특히 도움이 필요한 사람들—노인, 장애인, 저소득층—을 빠르게 파악해 맞춤형 지원을 제공한다.

싱가포르의 'Common Services Tunnel'처럼 주요 기반 시설을 지하 터널에 집약하고 첨단 모니터링과 복구 시스템을 갖추는 것도 도시 회복력을 높이는 중요한 전략이다.

도시 회복력을 진정으로 강화하려면 장기적인 투자와 함께 다양한 이해관계자와 지역 커뮤니티의 적극적인 참여가 보장되는 포용적인 거버넌스가 필요하다. 기술적 해결책도 중요하지만, 사회적, 경제적, 제도적 요소들이 균형 있게 고려될 때 도시는 어떤 위기에도 흔들리지 않는 진정한 회복력을 갖출 수 있다.

7.3

스스로 치유하고 성장하는 도시

좋은 방재 기술이나 효율적인 재활용 시스템의 합이 아니다. 이는 위기라는 도전에 맞서 도시가 스스로 배우고, 스스로를 치유하며, 이전보다 더 강한 존재로 거듭나는 '성장의 과정' 그 자체이다. 첨단 기술은 그 성장을 돕는 훌륭한 도구이지만, 그 성장의 주체는 도시 시스템과 그 안에서 살아가는 시민 모두이다. 허리케인을 겪은 후 더 튼튼한 해안선을 갖게 된 뉴욕처럼, 도시는 재난의 경험을 통해 배우고 진화한다. 이는 1장에서 말한 '공진화'의 가장 극적인 모습이자, 외부의 충격에 일희일비하지 않고 자신이 통제할 수 있는 내면의 힘을 기르는 '스토아적 도시'의 모습이기도 하다.

그렇다면, 이처럼 환경과 공존하며 스스로를 치유하고 성장하는 지혜로운 도시들의 드라마는 지금 세계 곳곳에서 어떻게 실제로 펼쳐지고 있을까? 다음 8장에서는 이론을 넘어 현실이 된 자율 적응 도시들의 생생한 실천 사례들을 만나 본다.

8.

미래는 이미 와 있다: 세계 도시들의 위대한 실험

지금까지 우리는 자율 적응 도시라는 미래의 청사진을 그려보았다. 이제 그 청사진이 어떻게 현실의 땅 위에서 살아 있는 도시로 구현되는지 직접 목격할 시간이다. 이 장은 세계 지도를 펼쳐 놓고 떠나는 특별한 탐험이다. 우리는 이 탐험을 통해 AI 두뇌가 도시 전체를 지휘하는 강력한 시스템부터, 시민 한 사람 한 사람의 아이디어가 풀뿌리처럼 자라나 도시를 바꾸는 모습까지, 자율 적응 도시의 다채로운 얼굴들을 만나게 될 것이다.

각 도시의 도전은 저마다 다르지만, 그들이 꾸는 꿈은 하나로 이어진다. 바로 기술과 인간이 조화를 이루며, 더 안전하고 지속 가능한 삶의 터전을 만드는 것이다. 이론을 넘어 현실이 된 도시들의 생생한 이야기에 귀 기울여 보자.

8.1

글로벌 선도 도시들의 도전

싱가포르, 암스테르담, 도쿄 사례

1) 싱가포르: 작은 나라의 큰 꿈

만약 도시 전체를 하나의 거대한 컴퓨터처럼 운영한다면 어떤 일이 벌어질까? 싱가포르는 바로 이 질문에 대한 가장 강력한 답을 제시한다. 이 작은 도시국가는 '스마트 네이션'이라는 야심찬 비전 아래, 강력한 정부 주도하에 도시의 모든 시스템을 데이터로 연결하고 AI라는 중앙 두뇌로 통합 관리하는, 하향식(Top-down) 자율 적응 모델의 정수를 보여 준다.

교통시스템의 진화

싱가포르의 교통 시스템을 보면 정말 놀랍다. AI가 몇 분, 때로는 몇 시간 후의 교통 상황을 미리 예측한다. 그리고 신호등을 0.1초 단위로 조절해서 차들이 최대한 빨리 목적지에 도착할 수 있게 돕는다.

만약 어느 도로에 사고가 나면? AI가 즉시 다른 경로를 찾아서 운전자들에게 알려 준다. 전기차 공유 서비스도 곳곳에 마련되어 있어서, 필요할 때미다 쉽게 이용할 수 있다. 자율주행 버스도 시범 운행 중이다.

에너지와 환경의 스마트한 관리

건물들도 똑똑해졌다. 각 건물의 에너지 관리 시스템이 밖의 온도와 습도를 실시간으로 체크해서 에어컨과 조명을 자동으로 조절한다. 덕분에 에너지 낭비가 크게 줄었다.

심지어 쓰레기통도 스마트하다. 쓰레기가 얼마나 찼는지 센서가 알려 주면, AI가 가장 효율적인 수거 경로를 계산해서 쓰레기차에 알려 준다.

시민 참여와 프라이버시의 균형

싱가포르 정부는 도시의 공공 데이터를 개방해서 개발자들이 시민들을 위한 앱을 만들 수 있게 지원한다. 동시에 '데이터 트러스트' 제도를 통해 시민들이 자신의 데이터가 어떻게 사용되는지 알 수 있게 했다.

하지만 여전히 과제는 남아 있다. 이렇게 많은 데이터를 수집하다 보니 개인정보 보호에 대한 우려가 있고, 첨단 기술의 혜택이 모든 시민에게 골고루 돌아가는지도 계속 살펴봐야 한다. 결국 싱가포르의 사례는 강력한 데이터 통합과 AI 두뇌를 통해 도시 시스템 전체가 스스로 최적의 상태를 찾아가는 '자율성(Autonomy)'과 외부 충격에도 핵심 기능을 유지하는 '회복력(Resilience)'을 어떻게 극대화할 수 있는지 보여 주는 교과서와 같다.

2) 암스테르담: 시민이 만들어 가는 도시

싱가포르와 정반대의 길을 걷는 도시도 있다. 거대한 계획 대신, 시민 한 사람의 창의적인 아이디어가 도시를 바꿀 수 있다고 믿는 곳. 바로 네덜란드 암스테르담이다. 이 도시는 정부가 정답을 제시하는 대신, 시민, 기업, 연구기관이 함께 도시 문제를 해결하는 '리빙랩(Living Lab)'이라는 거대한 실험 플랫폼을 제공한다. 암스테르담은 상향식(Bottom-up) 협력 과정을 통해 도시가 스스로 진화하는 모델이 무엇인지 생생하게 증명한다.

순환경제와 에너지 자립

NDSM 조선소는 과거 배를 만들던 곳이었다. 지금은 예술가들과 사회적 기업가들이 모여서 태양광 발전기를 설치하고, 빗물을 재활용하고, 도시 농업도 한다. 완전히 새로운 모습으로 태어난 것이다. 이는 버려진 공간(객체)에 예술가와 사회적 기업가, 그리고 주민이라는 새로운 '관계'가 더해지며 누구도 계획하지 않은 가치가 창발하는, 도시 '공진화'의 생생한 증거다.

더 놀라운 건 운하 위에 만든 '스쿤쉽' 주거 단지다. 여기 사는 사람들은 각자의 집에서 에너지를 만들어 쓰고, 남으면 이웃과 나눈다. 물도 완전히 순환시켜서 한 방울도 버리지 않는다.

교통과 물류의 혁신

암스테르담에서는 하나의 앱으로 자전거, 지하철, 카셰어링, 심지어 수상택시까지 모두 이용할 수 있다. AI가 개인별로 가장 빠르고 저렴한 이동 방법을 추천해 준다.

밤늦은 시간에는 소형 전기 트럭들이 도심으로 들어와서 물건을 배송한다. 낮에는 교통이 복잡하니까 밤을 이용하는 것이다. AI가 최적의 배송 경로를 찾아 주니까 효율성도 높다.

열린 데이터, 열린 참여

암스테르담은 도시 데이터를 적극적으로 공개한다. 이는 4장에서 논했던 '무위(無爲)의 거버넌스' 철학을 그대로 보여 준다. 정부가 정답을 정해 놓고 지시하는 대신, 시민과 기업이 스스로 문제를 해결하고 혁신을 일으킬 수 있도록 데이터라는 '판'을 깔아 주는, 보이지 않는 조력자의 역할을 하는 것이다. 시민들이 이를 활용해서 유용한 앱을 만들거나 새로운 서비스를 개발할 수 있다.

디지털 플랫폼을 통해서는 시민들이 직접 정책에 의견을 내고, 때로는 예산 편성에도 참여한다. 진짜 시민이 주인인 도시를 만들어 가고 있는 것이다.

암스테르담의 성공 비결은 기술보다 사람을 먼저 생각한다는 점이다. 그리고 실패를 두려워하지 않고 다양한 실험을 시도한다. 다만 이런 작은 실험들을 도시 전체로 확산시키는 것이 앞으로의 과제다. 암스테르담의 위대함은 바로 이 지점에 있다. 이 도시는 기술을 통해 시민과 함께 호흡하고, 다양한 실험 속에서 끊임없이 배우며 도시의 시스템을 바꿔 나가는 '적응성(Adaptability)'과 '공진화(Co-evolution)'의 가장 생생한 모델을 제시한다.

3) 도쿄: 재난에 맞서는 메가시티

세계 최대 도시 중 하나인 도쿄는 지진, 태풍, 쓰나미 같은 자연재해가 잦다. 그래서 도쿄의 자율 적응 시스템은 평상시 편의성보다는 위기 상황에서의 대응력에 초점을 맞춘다.

AI가 예측하는 재난

도쿄 곳곳에 설치된 수천 개의 센서들이 땅의 움직임, 강의 수위, 바람의 세기를 실시간으로 측정한다. AI는 이 데이터를 분석해서 지진이 일어나면 몇 초 만에 쓰나미가 언제 어디로 올지, 어떤 건물이 위험한지 예측한다.

그리고 즉시 시민들의 휴대폰으로 경보를 보낸다. 개인별로 가장 안전한 대피 경로도 알려준다. 상수도관에는 지진을 감지하면 자동으로 물 공급을 차단하는 장치가 있어서 2차 피해를 막는다.

복잡한 교통망의 효율적 운영

도쿄의 지하철과 전철 시스템은 세계에서 가장 복잡하다. 하지만 AI 덕분에 놀랍도록 정확하게 운행된다. 승객 수, 날씨, 행사 일정 등을 모두 고려해서 열차 배차 간격을 조정하고, 승객들에게는 가장 빠른 환승 경로를 안내한다.

고령화 사회를 위한 기술

일본은 세계에서 고령화가 가장 빠르게 진행되는 나라다. 도쿄에서는 웨어러블 기기로 혼자 사는 노인분들의 건강 상태를 24시간 모니터링한다. 이상이 있으면 즉시 가족이나 병원에 연락이 간다.

생활 지원 로봇도 개발하고 있다. 청소, 요리, 이동을 도와주는 로봇들이 노인분들의 일상을 지원한다. AI가 개인별 맞춤형 건강 관리나 여가 프로그램도 추천해 준다.

도쿄의 강점은 막대한 자본과 최첨단 기술력이다. 하지만 너무 복잡한 시스템을 통합하는 것이 쉽지 않고, 모든 시민이 기술의 혜택을 고르게 누리도록 하는 것이 과제다. 끊임없는 재난의 위협 속에서 도쿄는 기술을 활용해 예측 불가능한 충격에 대비하고 신속하게 복구하는 능력, 즉 '회복력(Resilience)'을 도시의 생존 DNA로 체화시킨 가장 압도적인 사례라 할 수 있다.

8.2

신흥 도시와 재개발 프로젝트

백지 위에 그리는 미래: 신도시의 담대한 실험

1) 네옴(NEOM), 사우디아라비아: 사막에 새긴 기술의 서사시

사우디아라비아가 홍해 연안 사막에 건설하고 있는 네옴은 그야말로 SF 영화에서나 볼 법한 도시다. 길이 170km, 높이 500m의 거대한 직선 도시 '더 라인'은 100% 재생에너지로 운영되고, AI와 로봇이 도시를 관리한다.

하이퍼루프로 도시 간 이동도 가능하고, 모든 것이 자율주행으로 움직인다. 아직 건설 중이지만, 완성되면 정말 미래 도시의 모습을 보여 줄 것이다.

네옴은 단순한 신도시가 아니다. 이는 도시 스프롤 현상과 탄소 배출이라는 인류의 오랜 난제에 대해, '만약 처음부터 다시 도시를 만든다면?'이라는 근본적인 질문을 던지는 프로젝트이다. AI가 관제하는 자율주행 시스템과 100% 재생에너지 인프라는 이 책에서 말하는 기술 기반의 '자율성

(Autonomy)'과 '지속 가능성(Sustainability)'이 극단까지 구현됐을 때 어떤 모습일지를 보여주는 생생한 사례이다.

네옴: 사막 속의 자율 적응형 미래 도시(출처: https://www.heute.at/)

물론, 이 거대한 비전 뒤에는 천문학적인 비용, 기술적 실현 가능성에 대한 의문, 그리고 건설 과정에서의 인권 문제 등 우리가 10장에서 논의할 도전 과제들이 그림자처럼 따라붙는다. 네옴의 성공 여부는 이 기술적, 사회적, 윤리적 관문들을 어떻게 넘어서는지에 달려 있을 것이다.

2) 마스다르 시티, 아랍에미리트: 지속가능성의 실험실

아부다비의 마스다르 시티는 '탄소 제로, 폐기물 제로'라는 명확한 목표를 가지고 세계 최초로 설계된 계획도시다. 규모는 작지만, 자연 통풍을 극대화하는 전통 아랍 건축의 지혜와 태양광 기술을 결합하여 냉방 에너지를 최소화하고, 개인용 자율주행 캡슐로 이동하는 등 도시 전체가 '지속

가능성'을 위한 살아 있는 실험실(Living Lab) 역할을 하고 있다.

3) 세종 스마트시티

우리나라 세종시의 5-1 생활권은 스마트시티 국가시범도시로 지정되어 다양한 기술을 실험하고 있다. AI 순찰 로봇이 거리를 돌아다니고, 하나의 앱으로 모든 교통수단을 이용할 수 있도록 추진 중이다. 시민들이 직접 참여할 수 있는 디지털 플랫폼도 운영할 계획이다.

낡은 도시에 새 숨결을

1) 킹스크로스, 런던: 과거의 기억은 어떻게 미래가 되는가?

런던의 킹스크로스 재개발은 낡은 도시를 되살리는 가장 지혜로운 방법을 보여 준다. 과거 공장과 창고가 즐비했던 이 낙후 지역은, 20년에 걸쳐 구글 유럽 본사가 들어선 글로벌 IT 허브로 화려하게 변신했다.

가장 감동적인 지점은, 오래된 건물들을 무작정 허물지 않고 그 역사의 흔적을 보존했다는 점이다. 낡은 가스 저장고의 골조를 공원으로 탈바꿈시킨 선택은, 우리가 6장에서 논의했던 도시의 기억과 '장소성(Placeness)'을 지키려는 현명한 노력이었다. 빅토리아 시대의 벽돌 건물에 최첨단 스마트 빌딩 기술을 접목한 것은, 과거와 미래가 단절된 것이 아니라 서로에게 기대어 함께 성장할 수 있다는 '공진화(Co-evolution)'의 가능성을 증명한다.

킹스크로스 변환: 산업 유휴지에서 지속가능한 혁신 허브로
(출처: Wikimedia Commons)

2) 바르셀로나, 스페인: 자동차의 길을 사람에게 돌려주다

바르셀로나는 시민 중심의 스마트 도시 전략으로 유명하다. 도시 운영 시스템(CityOS)으로 모든 도시 데이터를 통합 관리하고, 스마트 주차, 지능형 가로등, 스마트 쓰레기통 등으로 시민들의 편의를 높였다.

자동차의 길을 사람에게: 바르셀로나 슈퍼블록의 활기

특히 '슈퍼블록' 프로젝트는 주목할 만하다. 몇 개 블록을 묶어서 자동차 통행을 제한하고, 그 공간을 시민들을 위한 광장과 놀이터로 만든 것이다. 이는 자동차라는 객체에 할당되었던 공간을, 이웃 간의 소통과 아이들의 웃음소리, 즉 인간 '관계의 그물망'을 위한 공간으로 되돌려준 것이다. 3장에서 논했던 '비어 있음의 쓸모(無用之用)'를 가장 현대적으로 구현한 감동적인 사례다. 기술만으로는 해결할 수 없는 도시 문제를 창의적인 아이디어로 풀어낸 사례다.

8.3

작지만 강한 도시들: 풀뿌리 혁신의 가능성

자율 적응 도시가 반드시 천문학적인 예산을 투입하는 거대도시만의 전유물은 아니다. 오히려 몸집이 가벼운 중소도시들이 더 민첩하고 창의적인 방식으로 혁신을 선도하는 경우가 많다.

작지만 더 민첩하게: 중소도시의 창의적 도전

1) 차타누가, 미국: 쇠락한 공업도시의 기적

테네시주의 작은 도시 차타누가는 한때 제조업 쇠퇴로 활기를 잃은 '러스트 벨트(Rust Belt)'의 전형적인 도시였다. 하지만 이 도시는 미국 최초로 도시 전체에 초고속 기가비트 인터넷망을 직접 구축하는 과감한 결단을 내린다. 이 결정은 도시의 운명을 바꾸었다. 훌륭한 디지털 고속도로가 열리자, 전국의 IT 기업과 원격 근무자들이 '기가 시티' 차타누가로 몰려들기 시작했다. 쇠락하던 도시는 첨단 기술과 젊은 활력이 넘치는 도시로 완벽하게 부활했다. 차타누가의 사례는 위기를 기회로 바꾼 도시의 '회복력

(Resilience)'이 어디에서 오는지, 과감한 미래 인프라 투자가 어떻게 도시의 '적응성(Adaptability)'을 깨우는지를 보여 주는 감동적인 증거이다.

2) 아우후스, 덴마크

덴마크 제2의 도시 아우후스는 인구 35만 명의 중간 규모 도시다. 하지만 스마트 가로등과 지능형 폐기물 관리 시스템으로 큰 성과를 거두고 있다.

무엇보다 시민 참여 플랫폼이 잘 되어 있어서, 주민들이 직접 도시 정책에 의견을 내고 함께 문제를 해결해 나간다.

3) 김천

경북 김천시는 남대천 수질 개선을 위해 IoT 기반 스마트 관수 시스템을 도입했다. 실시간으로 수질과 수위를 모니터링하고, AI가 홍수를 미리 예측해서 피해를 줄이는 데 성공했다.

시민이 직접 만드는 변화: 풀뿌리 혁신의 힘

기술과 예산이 부족해도, 시민들의 의지와 아이디어만으로 놀라운 변화를 만들 수 있다. 이는 우리가 9장에서 자세히 살펴볼 '시민 도시 계획가' 시대의 개막을 가장 잘 보여 주는 증거들이다.

1) 트랜지션 타운 운동: 가장 인간적인 자율 적응 시스템

영국의 작은 마을 토트네스에서 시작된 이 운동은, 기후변화와 에너지 위기에 대응하기 위해 첨단 기술이 아닌 '공동체의 힘'을 선택했다. 주민들은 함께 텃밭을 일구어 식량 자급률을 높이고, 지역 화폐를 만들어 돈이 지역 안에서 돌게 하며, 에너지 협동조합을 만들어 에너지 자립을 꿈꾼다.

이것이야말로 기술이 배제된, 가장 인간적인 형태의 자율 적응 시스템이다. 외부의 충격(에너지 가격 폭등, 식량 공급망 위기)에 흔들리지 않는 '회복력'을 공동체의 '관계망'을 통해 스스로 구축해 나가는 것이다. 거대한 AI나 데이터 플랫폼은 없지만, 서로에 대한 신뢰와 협력이라는 가장 강력한 소셜 네트워크가 도시를 지탱하고 있다.

2) 광주 동구 마을사랑채

광주 동구에서는 빈집이나 문 닫은 어린이집을 '마을사랑채'로 만들어서 주민들의 커뮤니티 공간으로 활용한다. 디지털 쉼터도 운영하고, 청년들의 창업도 지원한다.

주민들이 직접 참여해서 지역 문제를 찾고 해결책을 모색하는 플랫폼도 있다.

3) 로테르담 시민 과학 프로젝트: 내 손으로 도시를 진단하다

네덜란드 로테르담에서는 시민들이 직접 저렴한 센서로 우리 동네의 공기 질을 측정한다. 그리고 그 데이터를 시 정부에 제공하여 환경 정책을 바꾸는 데 활용한다. 전문가가 아닌 평범한 시민이 과학자가 되어, 데이터를 직접 생산하고 문제 해결의 주체가 된 것이다. 이는 행정력이 미치지 못하는 도시의 실핏줄 같은 문제들을 시민 스스로 해결하는, 진정한 의미의 상향식(Bottom-up) 거버넌스이자 살아 있는 '공진화'의 모습이다.

작은 시작이 만드는 큰 변화

세계 도시들의 다채로운 여정을 따라가 보니, 한 가지 분명한 결론에 도달한다. 자율 적응 도시로 가는 길은 하나가 아니라는 것이다. 싱가포르처럼 강력한 중앙 시스템으로 완성될 수도, 암스테르담처럼 느리지만 함께 가는 길을 택할 수도 있다. 사막 위에 완전히 새로 지을 수도 있고(네옴), 낡은 도심을 되살릴 수도 있으며(킹스크로스), 작은 마을 공동체의 자발적 노력에서 시작될 수도 있다(트랜지션 타운).

자율 적응 도시의 네 가지 유형: 발전 동력과 접근 방식

하지만 이처럼 다양한 방식의 차이에도 불구하고, 성공적인 사례들은 하나의 DNA를 공유한다. 그것은 기술 자체를 숭배하는 것이 아니라, '어떻게 하면 기술을 통해 더 인간적이고, 더 공정하며, 더 지속 가능한 공동체를 만들 수 있는가'라는 질문을 끊임없이 던진다는 점이다.

결국 이 모든 사례가 우리에게 보여 주는 것은, 미래 도시의 성공이 '어떤 기술을 선택하는가'가 아니라 '어떤 철학으로 관계를 맺는가'에 달려 있다는 사실이다. 도시와 인간, 기술과 자연의 관계를 어떻게 설정하고 가꾸어 나갈 것인가. 이 질문에 대한 답이 바로 도시의 미래를 결정한다.

그렇다면 이 위대한 관계 맺기의 진정한 주체는 과연 누구일까? 다음 9장에서는, 도시의 미래가 소수의 전문가가 아닌, 바로 그 관계망의 중심에 있는 우리 자신, '시민 도시 계획가'의 시대가 열리고 있음을 확인한다.

9.

도시의 주인을 찾아서:
시민 도시 계획가 시대의 개막

9.1

우리는 왜 도시의 주인이 되어야 하는가?

 우리는 앞선 장에서 자율 적응 도시라는 거대한 비전과 그 이면의 복잡한 도전 과제들을 모두 살펴보았다. 이 위대한 전환 앞에서 한 명의 평범한 시민은 그저 거대한 시스템의 부속품처럼 느껴질지도 모른다. 모든 것을 해결해 줄 뛰어난 전문가나 완벽한 AI 시스템을 기다리는 것이 더 현명해 보일 수도 있다. 하지만 역사는 우리에게 다른 교훈을 준다. 진정으로 위대하고 지속 가능한 도시는 결코 소수의 천재적인 설계자들이 위에서 아래로(Top-down) 찍어 내듯 만들 수 없다는 것이다.

 20세기 도시계획을 지배했던 '기능주의'가 그 대표적인 실패 사례다. 르 코르뷔지에(Le Corbusier)와 같은 건축가들은 낡고 복잡한 구도심을 모두 밀어 버리고, 자동차 중심의 넓은 도로와 거대한 고층 아파트로 이루어진 효율적인 도시를 꿈꿨다. 그들의 청사진은 논리적이고 합리적으로 보였지만, 결과는 종종 참담했다. 인간적인 스케일이 사라진 삭막한 공간, 이웃과의 단절, 그리고 지역의 고유한 역사와 문화가 지워진 장소성의 상실을 낳았다.

두 개의 도시 비전: 기능주의와 제인 제이콥스의 거리

도시 사회학자 제인 제이콥스(Jane Jacobs)는 그의 기념비적인 저서 『미국 대도시의 죽음과 삶』에서, 잘 짜인 계획도시보다 오랜 시간 동안 주민들의 삶 속에서 자생적으로 형성된 구도심의 '복잡한 무질서'가 오히려 도시를 더 안전하고 활기차게 만든다고 역설했다. 그녀는 전문가의 눈에는 비효율적으로 보이는 좁은 골목길, 오래된 가게, 다양한 사람들이 오가는 보도가 바로 도시의 생명력을 만드는 핵심 요소임을 간파했다. 제인 제이콥스가 꿰뚫어 본 것은, 도시의 생명력이란 결국 수많은 사람들의 욕망과 행동이 빚어 내는 '관계의 그물망' 그 자체라는, 1장에서 우리가 논의한 동양적 지혜와 정확히 일치한다. 그녀가 묘사한 '복잡한 거리의 발레'는 바로 도시와 시민이 함께 추는 '공진화의 춤'이었던 것이다.

자율 적응 도시 역시 마찬가지다. 아무리 뛰어난 AI가 도시를 최적으로 관리한다고 해도, 그것이 시민들의 실제 삶과 동떨어진 채 효율성만을 추구한다면 제2의 기능주의적 실패를 반복할 위험이 있다. 골목길 빵집 아주머니의 노하우, 아이들이 노는 소리, 동네 공원에서 열리는 작은 축제 등 데이터로 측정하기 어려운 도시의 '살아 있는 지혜'는 결코 AI가 대체할 수 없다.

따라서 미래 도시의 진정한 주인은 AI나 소수의 엘리트가 될 수 없다. 그 도시에서 매일 숨 쉬고, 사랑하고, 일하며 살아가는 시민 한 사람 한 사람이 도시의 문제를 가장 먼저 발견하고, 가장 창의적인 해결책을 제시할 수 있는 최고의 전문가이다. 기술은 이들의 목소리를 증폭시키고 아이디어를 실현시켜 주는 강력한 도구가 되어야 한다. 이제, 평범한 시민이 도시의 운명을 결정하는 설계자, 즉 '시민 도시 계획가'가 되는 시대가 열리고 있다. 이 장에서는 시민 도시 계획가들이 사용하는 놀라운 도구들과, 그들의 작은 아이디어가 어떻게 세상을 바꾸는지 구체적으로 살펴본다.

9.2

시민 도시 계획가의 도구들: 도시를 바꾸는 세 가지 열쇠

시민들이 도시의 운명을 바꾸고 싶어도, '어떻게?'라는 질문 앞에서 막막해지기 쉽다. 자율 적응 도시는 바로 이 질문에 대한 구체적인 답을 제시한다. 디지털 기술과 새로운 협력 모델은 과거에는 상상할 수 없었던 강력한 '시민 도시 계획가의 도구'를 우리 손에 쥐어 준다. 그중 가장 대표적인 세 가지 도구는 '리빙랩', '시민 과학', 그리고 '참여 예산제'이다.

도시 전체가 살아 있는 실험실: 리빙랩(Living Lab)

리빙랩은 말 그대로 '살아 있는 실험실'을 의미한다. 과거에는 기술이나 정책을 연구실 안에서 완벽하게 만든 뒤 세상에 내놓았다. 하지만 리빙랩은 실제 도시 공간과 시민들의 일상생활 자체를 실험실로 삼는다. 시민, 기업, 연구자, 행정가가 처음부터 함께 모여 문제를 정의하고, 시제품을 만들어 도시 공간에 직접 적용해 보고, 그 과정에서 얻은 시민들의 피드백을 통해 끊임없이 개선해 나가는 개방적인 혁신 모델이다.

리빙랩(Living Lab): 실제 도시 공간과 시민들의 일상생활 실험

유럽연합은 일찍이 리빙랩의 중요성을 인식하고, 유럽 리빙랩 네트워크(ENoLL)를 통해 2006년부터 수백 개의 리빙랩 프로젝트를 지원하고 인증해왔다. 2025년 현재, ENoLL은 전 세계 500개 이상의 리빙랩을 연결하는 거대한 혁신 플랫폼으로 성장했으며, 교통, 에너지, 헬스케어 등 다양한 도시 문제 해결에 기여하고 있다.

덴마크 코펜하겐의 '스트리트 랩(Street Lab)'은 대표적인 리빙랩 성공 사례다. 코펜하겐시는 도심의 특정 거리를 실험 공간으로 지정하고, 새로운 스마트 가로등, 쓰레기통 센서, 주차 안내 시스템 등을 설치했다. 중요한 것은, 이 기술들을 일방적으로 도입한 것이 아니라 시민들이 직접 써보고 "불빛이 너무 밝아요", "앱이 사용하기 어려워요"와 같은 피드백을 지속적으로 전달하게 한 것이다. 이 피드백을 바탕으로 기업과 연구소는 기술을 개선했고, 시 정부는 시민들이 정말로 만족하는 기술만을 도시 전체로 확산시킬 수 있었다.

리빙랩은 4장에서 언급된 '피드백 루프'와 1장에서 정의된 '공진화'의 개념을 현실에서 구현하는 가장 효과적인 방법이다. 기술이 시민의 삶 속에서 함께 호흡하며 진화하기 때문에, 막대한 예산을 들여 도입한 시스템이 시민들에게 외면받는 '전시성 행정'의 실패를 막을 수 있다.

우리 동네 데이터는 우리가 직접: 시민 과학(Citizen Science)

시민 과학은 과학자나 전문가가 아닌, 평범한 시민들이 직접 데이터 수집이나 분석, 연구 과정에 참여하는 활동을 의미한다. 과거에는 고가의 장비가 필요해 전문가의 영역으로 여겨졌지만, 지금은 스마트폰과 저렴한 센서, 그리고 개방형 소프트웨어 덕분에 누구나 '시민 과학자'가 될 수 있는 시대가 열렸다.

네덜란드에서는 '홀란드세 루흐텐(Hollandse Luchten)'이라는 시민 참여형 대기 질 측정 프로젝트가 큰 성공을 거두었다. 정부가 설치하는 공식 측정망은 비용 문제로 촘촘하게 설치되기 어렵다는 점에 착안하여, 시민들이 직접 저렴한 미세먼지 측정 키트를 받아 자신의 집이나 발코니에 설치했다. 이 데이터들이 하나의 플랫폼에 모여, 우리 동네의 대기 질을 실시간으로 보여주는 초정밀 '미세먼지 지도'가 완성되었.

이 프로젝트는 단순히 데이터를 수집하는 데 그치지 않았다. 시민들은 자신들이 모은 데이터를 근거로, 특정 도로의 차량 통행 제한이나 공장의 오염 물질 배출 규제 강화를 시 정부에 강력하게 요구하는 근거로 활용했다. 이는 시민이 데이터의 단순 제공자를 넘어, 데이터에 기반하여 정책 결정에 영향을 미치는 주체로 성장했음을 보여주는 중요한 사례다. 2024

년, 이 프로젝트는 유럽연합의 'Social Innovation to Tackle Fuel Poverty' 부문에서 수상하며 그 혁신성을 인정받았다.

자율 적응 도시에서 시민 과학은 도시의 '모세혈관' 같은 역할을 한다. 행정의 손길이 닿기 어려운 도시 구석구석의 문제들(소음 공해, 불법 쓰레기 투기, 골목길 안전 문제 등)을 시민들이 직접 데이터로 드러내고, 이를 해결하기 위한 공론장을 형성하는 것이다. 이는 데이터 기반 의사결정이 더 민주적이고 포용적으로 이루어지도록 만드는 핵심 동력이 된다.

내 세금을 내가 쓸 곳에: 참여 예산제(Participatory Budgeting)

참여 예산제는 정부가 예산을 편성하는 과정에 시민들이 직접 참여하여, 특정 사업이나 정책에 배분될 예산의 우선순위를 결정하는 제도다. 이는 대의 민주주의의 한계를 보완하고, 예산 사용의 투명성과 책임성을 높이는 직접 민주주의의 한 형태로 전 세계적으로 확산되고 있다.

참여 예산제는 1989년 브라질의 포르투알레그레(Porto Alegre)시에서 처음 시작되어 전 세계로 퍼져 나갔다. 2025년 기준으로, 미국 뉴욕, 프랑스 파리, 스페인 마드리드 등 7,000개가 넘는 도시에서 다양한 형태로 운영되고 있으며, 특히 디지털 플랫폼과 결합하여 그 효과성이 극대화되고 있다.

스페인 마드리드의 디지털 참여 플랫폼인 'Decide Madrid'는 가장 진화된 모델을 보여 준다. 시민들은 누구나 온라인으로 예산이 필요한 프로젝트를 제안할 수 있다. 예를 들어, "A 공원에 노인들을 위한 운동 기구를 설치합시다" 또는 "B 골목길에 CCTV와 가로등을 추가합시다"와 같은 구체적인 제안들이다. 이 제안들은 온라인 토론과 투표를 거쳐 일정 수 이상의 지지를 받으면, 최종 후보 사업으로 선정된다. 그 후, 매년 마드리드시는 전체 예산 중 일정 금액(2024년 기준 약 1억 유로)을 이 시민 제안 사업들을 위해 할당하고, 모든 시민이 온라인으로 최종 투표하여 어떤 사업에 돈을 쓸지를 직접 결정한다.

자율 적응 도시의 참여 예산제는 단순히 예산 사용처를 결정하는 것을 넘어, 도시의 장기적인 비전과 발전 방향을 시민들이 함께 설정하는 과정으로 진화할 것이다. 예를 들어, 디지털 트윈을 활용하여 여러 가지 도시 개발 시나리오(예: A 지역에 대규모 공원을 조성하는 안, B 지역에 상업 시설을 유치하는 안)의 장단점과 비용, 사회경제적 효과를 시민들에게 시각적으로 제시하고, 시민들이 투표를 통해 도시의 미래 모습을 직접 선택하는 방식이다. 이는 도시 계획을 소수 전문가의 손에서 시민의 손으로 돌려주는 진정한 의미의 민주적 도시 설계를 가능하게 한다.

이 세 가지 도구는 각각 독립적으로 작동하기도 하지만, 서로 결합될 때 더욱 강력한 힘을 발휘한다. 예를 들어, '리빙랩'을 통해 새로운 교통 문제를 실험하고, '시민 과학'으로 그 효과 데이터를 수집한 뒤, 그 결과를 바탕으로 '참여 예산제'를 통해 도시 전체로 확산시킬 예산을 확보하는 시나리오가 가능하다. 이는 시민의 손으로 문제 발견부터 해결, 그리고 확산까지 이뤄내는 완전한 혁신 사이클이다.

9.3

나의 아이디어가 도시 정책이 되기까지

시민 도시 계획가의 도구들이 실제로 어떻게 작동하는지, 평범한 시민의 작은 아이디어가 어떻게 실제 도시 정책으로 구현되는지 그 과정을 따라가 보자. 이는 더 이상 특별한 사람의 이야기가 아니다.

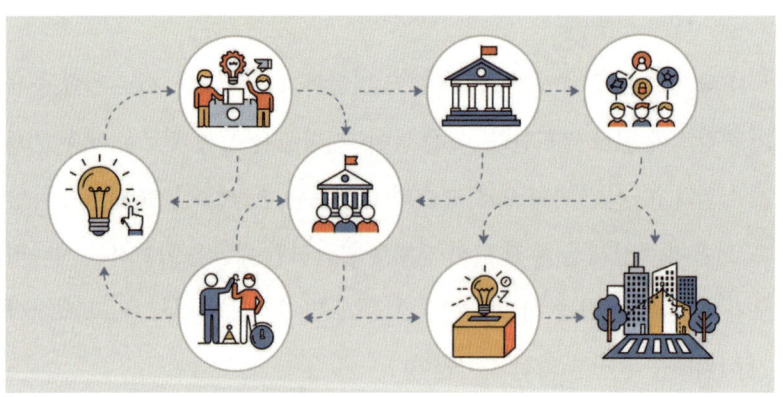

시민의 아이디어가 도시 정책이 되기까지

사례: 서울특별시 '민주주의 서울' 플랫폼

서울시는 '천만시민의 상상력이 서울의 정책이 됩니다'라는 슬로건 아래, 온라인 시민 참여 플랫폼 '민주주의 서울(과거 '상상대로 서울')'을 운영하고 있다. 2024년, 한 시민이 플랫폼에 다음과 같은 제안을 올렸다. "횡단보도 앞에서 스마트폰을 보며 걷는 '스몸비(Smombie)'족 때문에 교통사고 위험이 너무 큽니다. 횡단보도 바닥에 LED 신호등을 설치해서, 고개를 숙이고 있는 사람들도 신호를 볼 수 있게 해 주세요."

1단계: 제안과 공감(50명 이상)

이 제안은 게시된 후 다른 시민들의 공감을 얻기 시작했다. 비슷한 위험을 느꼈던 많은 시민이 '공감' 버튼을 눌렀다. 서울시의 규정에 따라, 특정 기간 내에 50명 이상의 공감을 얻은 제안은 시 관련 부서의 검토 대상으로 자동 지정된다.

2단계: 부서 검토와 답변

시민의 제안은 서울시 교통 관련 부서로 전달되었다. 담당 부서는 기술적 실현 가능성, 기존 법규와의 충돌 여부, 예상 소요 예산, 기대 효과 등을 종합적으로 검토했다. 검토 결과, "바닥 신호등은 보행자의 주의를 환기시켜 사고 예방에 효과가 있을 것으로 판단되며, 이미 일부 지역에서 시범 설치하여 긍정적 효과를 확인한 바 있다"는 공식 답변을 플랫폼에 게시했다.

3단계: 공론화와 숙의(500명 이상)

담당 부서의 긍정적인 답변 이후, 이 제안은 더 많은 시민의 관심을 받게 되었다. 공감 수가 500명을 넘어서자, 이 안건은 '공론장'으로 상정되었다. 공론장에서는 더 심도 있는 토론이 이루어진다. 찬성하는 시민과 반대하는 시민(예: "과도한 빛 공해를 유발할 수 있다", "모든 횡단보도에 설치하기엔 예산 낭비다")이 각자의 의견을 제시하고, 전문가들이 참여하여 기술적, 예산적 대안을 논의하는 숙의 과정이 진행되었다.

4단계: 시민 투표와 정책 결정(5,000명 이상)

충분한 숙의를 거친 안건에 대해 5,000명 이상의 시민이 투표를 요청하면, 이는 '시민 투표' 안건으로 상정될 수 있다. 서울시는 '바닥 신호등 확대 설치' 안건을 시민 투표에 부쳤고, 투표 결과 압도적인 찬성으로 정책 시행이 결정되었다. 이 결정에 따라, 서울시는 어린이 보호구역과 유동인구가 많은 지역을 중심으로 바닥 신호등 설치를 확대하는 구체적인 예산 계획을 수립하고 집행했다.

이 과정은 한 명의 시민이 가진 작은 문제의식이, 다른 시민들과의 '공감'을 통해 확산되고, 행정과 전문가와의 '협력'을 통해 다듬어지며, 민주적 '숙의와 결정'을 통해 도시 전체의 정책으로 실현되는 '공진화'의 전형을 보여 준다. 시민 도시 계획가는 혼자서 완벽한 건물을 짓는 사람이 아니라, 많은 사람과 함께 벽돌을 한 장씩 쌓아 올리는 사람인 것이다.

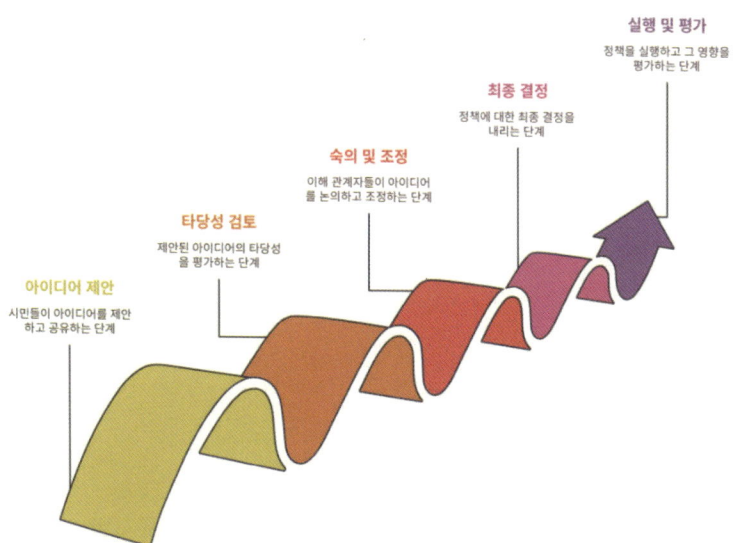

시민의 아이디어가 도시 정책이 되는 5단계 여정

(9.4)

당신의 도시를 해킹하라: 작고 빠른 변화의 힘

모든 변화가 거대한 플랫폼이나 시 정부의 결정을 통해서만 이루어지는 것은 아니다. 때로는 규칙을 살짝 비틀거나, 도시의 빈틈을 창의적으로 활용하는 작고 빠른 실천, 즉 '도시 해킹(Urban Hacking)' 또는 '전술적 도시주의(Tactical Urbanism)'가 더 큰 변화의 마중물이 되기도 한다. 이는 허가를 기다리기보다, 빠르고 저렴하며 일시적인 실행을 통해 "이런 도시는 어때요?"라고 먼저 보여 주고 사람들의 반응을 이끌어 내는 방식이다.

미국에서는 'DIY 도로 다이어트'라는 이름으로 시민들이 직접 나서는 경우가 있다. 예를 들어, 차량들이 너무 빠르게 달리는 위험한 교차로에, 주민들이 하룻밤 사이에 임시 화분과 페인트를 이용해 미니 회전교차로나 안전지대를 만드는 것이다. 이는 시 정부가 수년과 수억 원의 예산을 들여 할 일을 단 몇 시간과 몇십만 원으로 해결하며, 그 효과를 즉시 증명해 보인다. 이러한 시민들의 자발적 실험이 성공적인 것으로 입증되면, 나중에 시 정부가 이를 정식 정책으로 채택하여 영구적인 시설로 만들어 주는 경우가 많다.

당신의 도시를 해킹하라: 작고 빠른 변화의 힘

서울의 '경의선숲길' 인근 연남동 골목길은 '전술적 도시주의'의 좋은 사례다. 넘쳐나는 불법 주차와 쓰레기 문제로 골머리를 앓던 이 골목에, 주민과 지역 상인들이 힘을 합쳐 화분을 내놓고, 작은 벤치를 설치하며, 벽화를 그리기 시작했다. 물리적으로 주차할 공간을 줄이고, 골목을 걷고 싶은 아름다운 공간으로 만들자 불법 주차와 쓰레기가 눈에 띄게 줄었다. 이러한 아래로부터의 변화는 나중에 구청의 정식 '골목길 가꾸기 사업'으로 이어져 더 큰 성공을 거두었다.

도시 해킹은 완벽한 계획을 기다리기보다 '일단 해 보는' 실험 정신을 강조한다. 이는 실패의 위험이 적고, 성공했을 때의 파급 효과는 크다. 자율 적응 도시 시대의 시민 도시 계획가는 거대한 도시 시스템의 빈틈을 찾아내고, 그곳에 창의성과 재미, 그리고 인간적인 감성을 불어넣는 유쾌한 해커의 역할을 수행한다. 이들의 작고 빠른 시도들이 모여, 도시를 더 안전하고, 더 즐거우며, 더 따뜻한 공간으로 바꾸는 거대한 변화의 물결을 만들어 낸다.

　이제 우리는 도시를 바꿀 수 있는 강력한 도구를 손에 쥐었다. 하지만 진정한 영웅의 여정에는 언제나 넘어야 할 시련이 있기 마련이다.

　다음 10장에서는, 이제 막 출발선에 선 우리 '시민 도시 계획가'들이 마주하게 될 현실적인 벽, 즉 '도전 과제와 한계'를 정직하게 들여다보고, 그 벽을 넘을 지혜를 함께 모색해 본다.

10.

유토피아의 그림자: 우리가 넘어야 할 세 개의 관문

지금까지 우리는 자율 적응 도시라는 눈부신 미래를 보았다. 하지만 어떤 위대한 성장에도 성장통이 따르듯, 이 미래로 가는 길 역시 장밋빛만은 아니다. 이는 실패의 가능성이 아니라, 오히려 우리가 더 현명하고 신중하게 미래를 준비해야 한다는 증거이다.

이 장은 우리가 마주할 '세 개의 관문'에 대한 이야기다. 첫 번째는 첨단 기술을 현실에 구현해야 하는 '기술적 관문', 두 번째는 기술이 인간의 가치를 해치지 않도록 해야 하는 '사회적·윤리적 관문', 그리고 마지막은 이 거대한 변화를 뒷받침할 '경제적·정치적 관문'이다. 이 관문들을 어떻게 통과할 수 있을지 함께 고민하는 과정은, 자율 적응 도시라는 비전을 더욱 단단하고 실현 가능한 현실로 만드는 지혜를 우리에게 줄 것이다.

10.1

기술적 장벽

인프라 비용과 통합의 어려움

자율 적응 도시를 만들려면 엄청난 인프라가 필요하다. 도시 곳곳에 촘촘히 설치되어야 할 IoT 센서들, 실시간으로 쏟아지는 페타바이트급 데이터를 처리할 AI 시스템과 데이터센터, 그리고 이 모든 것을 지연 없이 연결할 5G, 6G 통신망까지. 여기에 드는 비용만 해도 상상을 초월한다.

더 큰 문제는 기존 도시 인프라와의 통합이다. 수십 년, 때로는 수백 년에 걸쳐 쌓아온 도로, 상하수도, 전력망을 어떻게 새로운 기술과 연결할 것인가? 전면 교체는 비용도 비용이지만, 그 과정에서 도시 기능이 마비될 수도 있다.

IT 컨설팅 기업 Soracom의 연구를 보면, 가장 큰 걸림돌은 바로 이런 시스템 통합 문제였다. 서로 다른 제조사의 센서와 통신 장비, 소프트웨어들이 하나의 시스템으로 제대로 연동되지 않는 일이 빈번했다는 것이다. 데이터 포맷이 달라서 호환이 안 되고, 레거시 시스템과 연결하기도 어렵다.

싱가포르의 '버추얼 싱가포르' 프로젝트도 비슷한 어려움을 겪었다. 50개가 넘는 정부 부처와 민간 기업의 서로 다른 시스템에서 데이터를 가져와 3D 디지털 트윈으로 만드는 과정에서, 데이터 정제와 표준화 작업이 예상보다 훨씬 복잡하고 오래 걸렸다고 한다. 만약 이런 통합 과정에서 문제가 생기면 전체 시스템이 불안해지고 예산 낭비로 이어질 수밖에 없다. 이는 1장에서 논한 '관계의 그물망'이 얼마나 섬세하고 복잡한지를 보여 주는 기술적 증거다. 서로 다른 언어를 쓰는 노드(node)들을 억지로 연결하려 할 때, 네트워크는 제대로 작동하지 않거나 붕괴할 수 있다. 도시의 지능은 조화로운 관계 속에서만 피어난다.

사이버 보안 위협과 대응

모든 것이 네트워크로 연결된 자율 적응 도시는 편리함과 동시에 엄청난 취약점을 안고 있다. 네트워크 관점에서 사이버 공격은 도시라는 생명체의 '면역 체계'를 공격하는 바이러스와 같다. 하나의 노드가 감염되면, 거미줄처럼 연결된 관계를 타고 도시 전체로 순식간에 퍼져 나갈 수 있기 때문이다. 마치 양날의 검과 같다. 글로벌 보안 기업 Rambus의 연구에 따르면, 미래 도시는 기존 IT 시스템보다 훨씬 넓고 다양한 공격 지점을 가지고 있어 사이버 위협에 심각하게 노출되어 있다.

상상해 보자. 해커가 자율주행차의 센서를 조작해서 교통 시스템을 마비시키거나, 스마트 그리드를 해킹해서 도시 전체를 정전시키거나, 병원의 의료정보시스템을 공격해서 환자 정보를 유출하고 의료기기를 오작동시키는 상황을. 이런 일들이 더 이상 영화 속 이야기가 아니라는 게 2015년 우크라이나 스마트 그리드 해킹 사건으로 증명되었다.

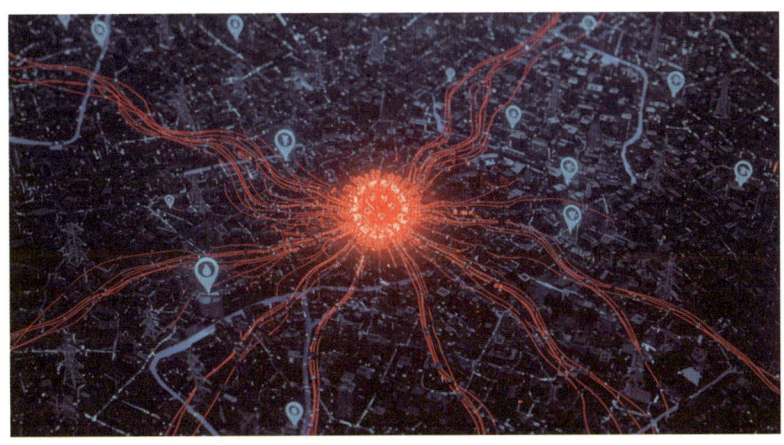

초연결 도시의 아킬레스건: 사이버 보안 위협

데이터 스토리지 기업 Seagate의 보고서에 의하면, 2025년까지 전 세계 IoT 데이터량이 175제타바이트에 달할 것으로 예측된다. 이는 사이버 공격의 대상과 잠재적 피해 규모가 기하급수적으로 늘어날 수 있음을 의미한다.

물론 대응책도 있다. 엔드투엔드 암호화, 블록체인 기반 데이터 무결성 확보, 다중 인증 시스템, AI 기반 실시간 이상 징후 탐지 등이 그것이다. 하지만 제로데이 공격이나 국가 차원의 정교한 사이버 테러 같은 예측 불가능한 위협에 완벽하게 대비하기는 현재 기술로는 한계가 있다. 결국 지속적인 기술 개발과 국제적 공조가 필요한 상황이다.

10.2

사회적 · 윤리적 문제

감시와 프라이버시 침해 우려

자율 적응 도시는 데이터가 생명이다. 도시 곳곳의 CCTV, 안면 인식 시스템, 차량 번호판 인식기, 스마트폰 위치 추적 센서, 에너지 소비 패턴을 기록하는 IoT 기기들이 24시간 우리의 일거수일투족을 기록한다.

빅브라더의 시선: 감시 사회의 우려

이런 광범위한 데이터 수집은 필연적으로 프라이버시 침해 우려를 낳는다. 현재 기술적, 법적 해결책들로는 실제 도시 환경에서 일어날 수 있는 다양한 프라이버시 침해 상황을 충분히 막아 내기 어렵다는 것이다.

미국 외교 전문지 Foreign Policy도 비슷한 경고를 한다. 5G 같은 초연결 기술과 함께 보안에 취약한 수십억 개의 IoT 장치들이 도시 네트워크에 연결되면서, 개인의 사생활이 해커나 권력기관에게 무방비로 노출될 위험이 과거와는 비교할 수 없을 정도로 커졌다는 것이다.

실제로 구글의 자회사 웨이모의 자율주행차가 수집하는 방대한 영상 데이터와 탑승객 생체 정보를 연계하면 특정 시민의 과거 동선을 정밀하게 추적하고 미래 행동까지 예측할 수 있다. 이런 가능성 자체가 시민들에게는 '감시 사회'에 대한 깊은 불안감을 안겨 준다.

해결책은 있다. 유럽의 GDPR 같은 엄격한 개인정보 보호 규정, 데이터 수집 목적의 투명한 공개, 익명화·가명화 기술의 고도화, 그리고 무엇보다 시민 개개인에게 자신의 데이터에 대한 실질적인 주권을 보장하는 것이다. 하지만 이런 노력들이 과연 충분할지는 여전히 의문이다.

기술 접근의 불평등 문제

첨단 기술의 혜택이 모든 시민에게 공평하게 돌아갈까? 안타깝게도 현실은 그렇지 않다. 세계경제포럼의 연구에 따르면, 스마트 도시 기술의 급속한 발전이 기존의 디지털 격차를 더욱 벌려놓고 있다. 저소득층, 고령층, 장애인 등 사회적 취약계층의 도시 생활 소외가 심화되고 있다는 것이다.

예를 들어 보자. 스마트폰 앱으로만 예약할 수 있는 자율주행 셔틀이나 복잡한 디지털 인터페이스로 구성된 공공 키오스크는 디지털 기기에 익숙하지 않은 고령층이나 시각 장애인에게는 그림의 떡이다. AI 기반 맞춤형 교육이나 원격 의료 서비스도 안정적인 초고속 인터넷과 고성능 기기를 갖추지 못한 저소득층 가정에는 접근 자체가 불가능하다.

인도 델리의 스마트시티 프로젝트에서 실제로 이런 일이 벌어졌다. 첨단 기술의 혜택은 주로 고소득층이 사는 신도시에 집중되고, 빈민 지역 주민들은 여전히 열악한 환경에 방치되었다.

이 문제를 해결하려면 단순히 기술을 보급하는 것을 넘어서야 한다. 모든 시민이 저렴하고 안정적으로 초고속 인터넷에 접근할 수 있는 공공 인프라 구축, 연령과 계층에 맞는 디지털 리터러시 교육, 누구나 쉽게 사용할 수 있는 사용자 친화적 인터페이스 개발, 그리고 모든 시민을 포용하는 유니버설 디자인 원칙의 적용이 필요하다. 이는 우리가 4장에서 보았던, 모든 시민이 정책 결정에 참여하는 'Decide Madrid' 같은 플랫폼의 민주적 이상이(4.2절) 기술 소외 계층에게는 공허한 외침이 될 수 있음을 의미한다. 따라서 기술 설계 단계부터 이들의 목소리를 반영하는 포용적 거버넌스가 기술적 해결책만큼이나 중요하다.

10.3

경제적 · 정치적 제약

자금 조달과 공공-민간 협력

아무리 좋은 기술과 계획이 있어도 돈이 없으면 소용없다. 자율 적응 도시 구축에는 막대한 초기 투자가 필요한데, 전통적인 공공 재정만으로는 한계가 있다.

Deloitte의 연구는 공공-민간 협력(PPP)을 중요한 대안으로 제시한다. 민간의 자본과 기술, 효율성을 활용하면 새로운 비즈니스 기회를 창출하고 비용 효율성도 높일 수 있다는 것이다.

하지만 PPP가 만능은 아니다. 이 지점에서 우리는 근본적인 질문을 던져야 한다. "새로 만들어지는 스마트 공원의 주인은 궁극적으로 누구인가? 시민의 휴식을 위한 공간인가, 아니면 기업의 이윤과 데이터 수집을 위한 장소인가?" Taylor & Francis의 연구에 따르면, PPP는 책임성과 투명성 같은 공공 가치를 훼손할 수 있고, 특정 기업에 대한 기술 종속이나 과도한 이윤 추구로 공공의 이익이 침해될 가능성도 있다.

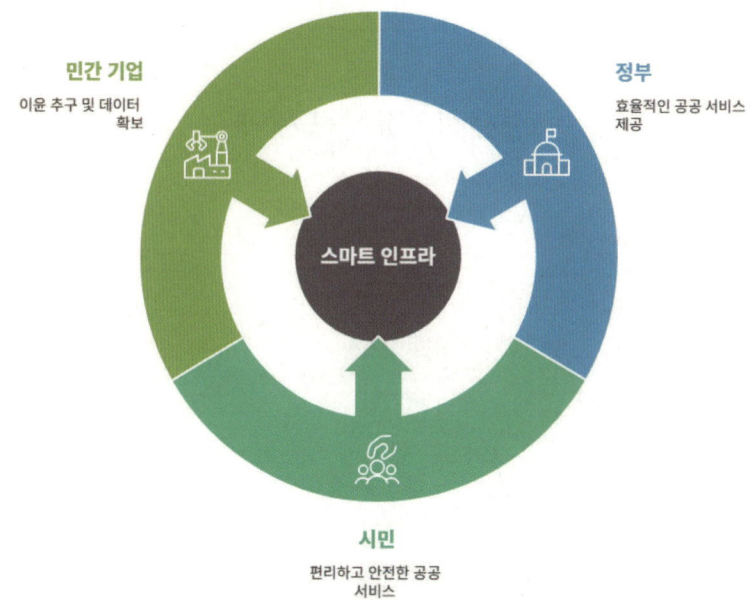

공공-민간 파트너십: 시민, 정부, 기업의 협력

성공적인 PPP를 위해서는 처음부터 공공의 이익을 명확히 하고, 투명한 사업자 선정과 성과 평가 시스템을 만들며, 시민 사회의 감시와 참여를 보장하는 제도적 장치가 필요하다. 명확한 역할 분담, 공정한 위험 배분, 투명한 사업 관리가 전제되어야 한다.

누구를 위한 혁신인가: 공공-민간 협력의 딜레마

정치적 저항과 규제 지연

자율 적응 도시 프로젝트는 규모가 크고 영향력이 큰 만큼, 다양한 이해관계자들의 상충하는 요구와 정치적 저항에 직면할 가능성이 높다.

Forbes의 분석에 따르면, 기술 변화를 성공적으로 이끌기 위해서는 정치적 의지와 사회적 수용이 필수적이다. 새로운 기술 도입에 따른 일자리 감소 우려, 기존 산업계의 반발, 특정 지역 편중 개발에 대한 비판, 정권 교체에 따른 정책 비일관성 등이 모두 큰 장애물이 될 수 있다. 하지만 우리가 '관계의 그물망'이라는 관점을 견지한다면, 이러한 저항은 단순히 극복해야 할 장애물이 아니라, 도시 시스템이 보내는 '중요한 피드백'으로 읽을 수 있다. 그것은 특정 관계가 소외되거나, 일부 노드가 고통받고 있다는 살아 있는 신호다. 이 목소리에 귀 기울이고 시스템을 수정하는 과정이야말로, 도시가 진정으로 '적응'하고 '공진화'하는 길이다.

혁신의 발목을 잡는 낡은 규칙: 규제 지연 문제

Northeastern University의 연구도 정권 교체가 스마트 도시 이니셔티브에 미치는 영향을 지적한다. 암스테르담 NDSM 재개발 시 원주민의 반발은 이런 정치적 저항의 좋은 예다.

또 다른 문제는 규제 지연이다. 이는 "생명을 구할 수 있는 혁신적인 의료 기술이 개발되었지만, 10년 전에 만들어진 낡은 법 때문에 병원 문턱을 넘지 못하는" 답답한 상황을 만들어 낸다. 빠르게 발전하는 기술을 기존의 경직된 법규와 제도가 따라가지 못하는 현상이다. Smart Cities Dive의 보고서에 따르면, 새로운 연방 정책과 기술 발전이 도시 환경을 변화시키는 동시에 정치적 저항을 야기할 수 있다고 경고한다.

우리나라의 규제 샌드박스 승인 기간이 싱가포르보다 현저히 긴 점이나, 독일 자율주행차 법안 심의 과정에서 발생한 지연은 이런 규제 개선의 어려움을 잘 보여 준다.

이 문제를 해결하려면 기술 발전에 발맞춘 신속하고 유연한 '적응적 규제'로의 전환과 함께, 다양한 이해관계자들과의 충분한 소통을 통한 사회적 합의 도출 노력이 필요하다.

자율 적응 도시로 가는 길 앞에 놓인 세 개의 관문은 결코 낮지 않다. 기술의 완성도, 사회적 합의, 경제적·정치적 불확실성이라는 그림자는 우리가 그리는 미래의 화려함만큼이나 짙다.

하지만 역설적이게도, 이 도전 과제들이야말로 우리의 여정이 길을 잃지 않도록 붙잡아 주는 '도덕적 나침반'이다. 사이버 보안의 취약성은 우리에게 기술의 겸손함을, 프라이버시 침해 우려는 인간 존엄성의 가치를, 디지털 격차는 공동체의 포용성을, 그리고 정치적 저항은 소통과 합의의 중요성을 끊임없이 일깨워 준다.

결국 이 모든 도전을 극복하는 열쇠는 더 새로운 기술이 아니라, '인간 중심'이라는 흔들리지 않는 원칙이다. 이 나침반을 굳게 손에 쥐었을 때, 우리는 비로소 기술이 열어 줄 진정한 미래를 향해 나아갈 준비가 된 것이다. 이제 이 모든 가능성과 한계를 안고 우리가 통과해야 할 세 개의 관문 너머에 있는, 2050년의 도시 비전을 다음 11장에서 구체적으로 그려 본다.

ptur
11.

2050년, 도시의 꿈: 인간과 기술의 가장 아름다운 조우

10장에서 우리는 미래로 가는 길목을 가로막는 세 개의 험준한 관문을 확인했다. 그리고 그 길을 잃지 않게 해 줄 '인간 중심'이라는 도덕적 나침반을 손에 쥐었다.

그렇다면, 이 나침반을 따라 세 개의 관문을 무사히 통과한 도시의 모습은 과연 어떠할까? 마침내 우리가 도달해야 할 약속의 땅, 그 희망의 풍경은 어떤 모습으로 우리를 기다리고 있을까? 이 장에서는 베일에 싸여 있던 2050년 자율 적응 도시의 구체적인 비전을 하나씩 펼쳐 본다. 이는 단순한 예측이 아니라, 우리가 반드시 만들어 가야 할 미래에 대한 약속이다.

11.1

기술 발전의 다음 단계

자율 적응 도시의 미래는 단순히 지금보다 조금 더 빠르고 편리한 도시가 아니다. 이는 마치 마차(馬車)가 자동차로 바뀐 것과 같은 '질적인 대전환'을 의미한다. 더 빠른 말이 아니라, '이동'의 개념 자체가 근본적으로 바뀌는 것이다. 앞으로 등장할 차세대 AI, 6G, 양자 컴퓨팅 등의 혁신 기술들은 도시의 운영 방식을 개선하는 것을 넘어, 우리가 도시를 인식하고 경험하는 방식, 그리고 그 안에서 살아가는 삶의 의미 자체를 재창조할 것이다.

우리는 도시를 정적인 건물과 도로의 집합체로 보던 관점에서 벗어나게 될 것이다. 대신 살아 있는 유기체처럼 스스로 문제를 인지하고, 복잡한 상황을 분석하며, 최적의 해결책을 찾아 끊임없이 진화하는 역동적 시스템으로 인식하게 될 것이다.

인간과 AI의 파트너십: 도시 생태계를 가꾸는 현명한 정원사

차세대 인공지능의 도약

이런 변화의 중심에는 현재 눈부신 속도로 발전하고 있는 차세대 인공지능이 자리하고 있다. 지금까지의 AI가 특정 작업에 특화되어 있었다면, 미래의 인공일반지능(AGI)은 인간과 유사하거나 그를 뛰어넘는 수준의 일반 지능을 발휘할 것이다.

이러한 초지능은 도시 전체를 실시간으로 감지하고, 과거와 현재의 방대한 데이터를 통해 미래를 예측하며, 모든 하위 시스템을 통합적으로 최적화하는 '도시 운영체제의 핵심 두뇌가 될 것이다.

예를 들어 보자. 미래의 교통 시스템은 단순히 개별 차량의 경로를 안내하거나 신호를 제어하는 수준을 훨씬 넘어선다. AGI 기반의 도시 OS는 대규모 콘서트나 스포츠 경기 같은 이벤트 정보, 갑작스러운 폭우나 폭설 같은 기상 변화, 그리고 시민들의 출퇴근 패턴과 예상 이동 목적까지 실시간으로 종합 분석한다.

이를 바탕으로 수십만 대의 자율주행차, 배송 드론, 개인형 이동수단의 흐름을 마치 정교하게 조율하여, 교통 체증 없는 최적의 이동 환경을 자율적으로 만들어 낸다. 결과적으로 이동 시간 단축은 물론, 에너지 소비 최소화, 대기오염 감소, 시민들의 이동 스트레스 해소까지 다차원적인 가치 향상을 이뤄 낼 것이다.

6G 통신이 여는 초연결 시대

이런 초지능형 도시 운영을 뒷받침하는 것은 현재의 5G를 훨씬 뛰어넘는 6G 통신이다. 6G는 초당 테라비트급의 압도적인 전송 속도와 마이크로초 수준의 초저지연성을 바탕으로, 도시의 모든 사물과 시스템, 그리고 인간을 하나의 거대한 유기적 네트워크로 통합할 것이다.

이는 도시 전체가 마치 인간의 신경망처럼 실시간으로 정보를 주고받으며 즉각적으로 반응하는 초연결 지능형 시스템이 되는 것을 의미한다.

6G 환경에서는 도시의 모든 건물, 도로, 가로등, 심지어 공원 벤치까지 수많은 초소형 센서들이 탑재되어 실시간으로 도시의 미세한 변화를 감지하고 데이터를 전송한다. 이런 데이터는 홀로그램 기술과 결합되어, 전 세계 도시 계획가들이 마치 한자리에 모인 것처럼 가상현실에서 도시 설계를 협업하고, 의사들이 촉각까지 전달되는 로봇 팔을 이용해 수천 킬로미터 떨어진 곳의 환자를 원격으로 수술하며, 도시 전체를 손바닥 위에 올려놓은 것처럼 실시간으로 관찰하고 시뮬레이션할 수 있는 초정밀 디지털 트윈의 완벽한 구현을 가능하게 할 것이다.

양자 컴퓨팅의 혁명적 문제 해결 능력

기존 슈퍼컴퓨터로도 수백 년, 수천 년이 걸릴 계산을 단 몇 분, 몇 초 만에 해결하는 양자 컴퓨팅의 등장은 자율 적응 도시의 문제 해결 능력을 상상할 수 없는 수준으로 끌어올릴 것이다.

예를 들어, 수백만 개의 변수와 제약 조건을 동시에 고려해야 하는 도시 전체 물류 시스템의 완벽한 최적화나, 태풍이나 지진 같은 자연재해 발생 시 실시간으로 변하는 상황에 맞춰 수십만 명의 시민을 위한 최적의 대피 경로를 수 초 내에 계산해 내는 것이 가능해진다.

또한 새로운 친환경 건축 자재를 분자 단위에서부터 설계하여 에너지 효율을 극대화하고 탄소 배출을 제로로 만드는 건축 혁명을 이끌거나, 기후변화가 도시에 미치는 장기적이고 복합적인 영향을 극도로 정밀하게 시뮬레이션하여 수십 년, 수백 년 후의 도시 변화에 선제적으로 대비하는 등, 이전에는 해결 불가능하다고 여겨졌던 문제들에 대한 혁신적인 해결책을 제시할 것이다.

도시 로보틱스의 진화

도시의 물리적 운영과 시민들의 일상생활을 자율화할 도시 로보틱스는 단순한 청소나 배송 로봇을 넘어, 고도화된 AI와 결합하여 도시의 필수 기능을 24시간 수행하는 핵심 주체로 진화할 것이다.

도로 밑 상하수도관이나 전력선을 스스로 점검하고 미세한 균열까지 찾아내 수리하는 지능형 유지보수 로봇, 위험한 고층 빌딩 건설 현장에서 인간을 대신하여 정밀한 작업을 수행하는 자율 건설 로봇, 그리고 노약자의 일상생활을 돕거나 개인 맞춤형 정보를 제공하며 공공 안전을 순찰하는 서비스 로봇들이 도시의 풍경을 바꿀 것이다.

이런 로봇들은 6G 통신망을 통해 서로 유기적으로 연결되고, 도시 OS의 지휘 아래 협력적으로 작업을 수행하며 도시 운영의 효율성과 안전성을 극대화할 것이다.

기술 융합의 시너지 효과

차세대 AI, 6G 통신, 양자 컴퓨팅, 그리고 도시 로보틱스 같은 혁신 기술들은 개별적으로도 강력한 변화를 가져올 것이지만, 이들이 서로 융합하고 상호작용하며 발휘할 시너지 효과는 우리 상상을 훨씬 뛰어넘을 것이다.

도시 운영의 지능성, 초연결성, 방대한 데이터 처리 능력, 그리고 물리적 작업의 완전한 자동화가 결합되면서, 스스로 생각하고 문제를 해결하는 지능형 도시, 모든 시스템이 물 흐르듯 매끄럽게 연결되어 최적의 효율성을 발휘하는 유기적 도시, 그리고 시민 개개인의 필요와 선호에 완벽하게 맞춤화된 서비스를 제공하는 초개인화된 도시가 현실이 될 것이다.

이는 단순히 더 편리하고 효율적인 도시를 넘어, 환경 변화에 스스로 적응하고 시민과 함께 공생하며 끊임없이 진화하는, 마치 지능을 가진 생명체와 같은 도시의 탄생을 예고한다.

11.2

글로벌 협력과 표준화

"다른 도시는 차치하고, 우리 도시만 먼저 잘 만들면 되는 것 아닌가?" 라는 질문이 나올 수 있다. 하지만 이는 불가능할뿐더러 바람직하지도 않다. 만약 서울의 자율주행차가 파리에서는 무용지물이 된다면? 도시마다 AI 윤리 기준이 달라 인권 침해의 소지가 생긴다면? 한 도시의 노력만으로는 기후변화나 팬데믹 같은 지구적 재앙을 막을 수 없다면?

자율 적응 도시의 기술과 데이터, 그리고 그로 인한 영향은 이미 국경을 넘나들고 있다. 따라서 기술의 상호 운용성을 확보하고, 공동의 윤리 기준을 세우며, 지구적 문제에 함께 대응하기 위해 국제적인 협력과 표준화는 선택이 아닌 필수이다.

국제적 프레임워크의 필요성

스마트 도시 기술과 데이터는 국경을 넘어 연결되고 활용될 가능성이 크기 때문에, 데이터 공유 프로토콜, 사이버 보안 표준, AI 윤리 가이드라인 등에 대한 국제적 프레임워크 수립이 중요하다.

세계경제포럼의 'AI 거버넌스 얼라이언스'는 산업계, 정부, 학계, 시민사회가 협력하여 투명하고 포용적인 AI 시스템 설계와 배포를 위한 국제 기준 마련을 추진하고 있다. 이런 국제 표준은 기술 종속성을 방지하고, 다양한 규모의 도시와 국가들이 자율 적응 도시 기술의 혜택을 보다 공평하게 누릴 수 있는 토대를 마련하는 데 중요한 역할을 한다.

유엔 해비타트 같은 국제기구는 지속 가능한 도시 발전을 위한 글로벌 목표를 설정하고, 회원 도시 간 지식 공유와 협력을 촉진하는 역할을 수행한다.

도시 간 협력을 통한 혁신 가속화

자율 적응 도시 솔루션 개발과 확산은 개별 도시의 역량만으로는 한계가 있다. 선도 도시들의 성공 및 실패 사례, 우수 정책, 기술 노하우 등을 공유하고 공동으로 연구 개발을 추진하는 도시 간 협력 네트워크는 혁신을 가속화하는 중요한 동력이 된다.

유럽연합의 '스마트 시티 및 커뮤니티' 이니셔티브는 EU 내 도시들이 혁신적인 솔루션을 공유하고 공동 프로젝트를 수행할 수 있는 플랫폼을 제공하며, 이는 도시 간 협력을 통한 혁신의 좋은 사례다.

> 11.3

2050년을 향한 장기 비전

2050년의 자율 적응 도시는 단순한 기술 집약적 공간을 넘어, 지속 가능하고 인간 중심적인 가치를 실현하는 포용적인 삶의 터전이 될 것이다. 기술은 인간의 삶을 풍요롭게 하는 도구로서 기능하며, 사회적 가치와 조화를 이루는 방향으로 발전할 것이다.

2050년의 하루: 기술이 스며든 인간 중심의 삶

지속 가능하고 인간 중심의 도시

2050년의 도시는 어떤 모습일까? 이 도시를 살아가는 한 시민, '지혜' 씨의 하루를 따라가 보자.

아침에 눈을 뜨면, 스마트 미러가 밤새 수집된 그녀의 생체 데이터를 분석해 "오늘은 약간의 비타민 D와 철분이 부족하니, 아침 식사로 시금치 프리타타는 어때요?"라고 다정하게 제안한다. 출근길, 자율주행 셔틀에 앉아 어제 듣던 '고대 그리스 철학' VR 강의를 이어서 듣는다. AI 튜터가 그녀의 이해도를 실시간으로 파악해, 마치 곁에 있는 선생님처럼 어려운 부분은 다른 비유를 들어 다시 설명해 준다. 오후에는 도시의 디지털 트윈을 통해 설계된, 바람과 햇살이 가득한 공원에서 잠시 맨발로 흙을 느끼며 휴식을 취한다. 은퇴한 부모님 댁의 건강 모니터링 시스템으로부터 "아버님의 오늘 활동량이 기준보다 적으니, 저녁에 함께 산책하시는 걸 추천합니다"라는 따뜻한 메시지가 도착한다. 이처럼 기술은 배경처럼 스며들어, 시민 개개인이 더 건강하고, 더 많이 배우며, 더 풍요로운 관계를 맺는 삶을 살도록 돕는다.

2050년의 자율 적응 도시는 환경적 지속 가능성을 최우선 가치로 삼을 것이다. 100% 재생에너지 사용, 탄소 중립 또는 탄소 네거티브 달성, 완벽한 자원 순환 시스템 구축, 그리고 풍부한 녹지 공간 확보를 통해 자연과 공존하는 도시 생태계를 구현할 것이다.

모든 시민이 기술 발전의 혜택을 동등하게 누리고, 안전하며 쾌적한 환경에서 건강하고 행복한 삶을 영위할 수 있도록 도시 시스템이 설계될 것이다.

개인의 유전 정보와 생활 습관 데이터를 기반으로 질병을 사전에 예측하고 예방하는 개인 맞춤형 의료 서비스, AI 튜터와 VR/AR 기술을 활용하여 언제 어디서든 원하는 지식과 기술을 습득할 수 있는 평생 학습 기회, 다양한 문화 콘텐츠와 체험 프로그램을 손쉽게 접할 수 있는 문화 및 여가 활동 지원, 그리고 교통 약자를 포함한 모든 시민이 안전하고 편리하게 이동할 수 있는 자율주행 기반 대중교통 및 보행 환경이 조성될 것이다.

특히 시민들이 이런 맞춤형 서비스의 설계와 운영 과정에 직접 참여하고 피드백을 제공함으로써, 기술은 진정으로 시민의 필요와 요구에 부응하는 방향으로 발전하고, 도시는 더욱 민주적이고 살기 좋은 공간으로 진화할 것이다.

사회적 가치와 기술의 조화

10장에서 우리가 우려했던 '차가운 기술의 그림자'에 대한 2050년의 답은 바로 여기에 있다. 기술 발전이 사회적 가치를 훼손하는 것이 아니라, 오히려 강화하는 방향으로 이루어져야 한다는 대원칙이다.

알고리즘의 편향성 문제(10.2절)에 대한 답은 '공정성' 확보 의무이며, 감시 사회의 공포(10.2절)에 대한 답은 '프라이버시 보호'와 '데이터 주권'의 확립이다. 또한 기술이 낳는 새로운 불평등(10.2절)에 대한 답은 모든 시민을 위한 '기술 접근성' 보장과 '디지털 리터러시' 교육 강화이다. 2040년경 전 세계 도시들이 채택할 '디지털 권리장전'은 바로 이러한 인류의 윤리적 합의를 담는 그릇이 될 것이다.

인간과 기술이 공존하는 미래

2050년의 자율 적응 도시는 단순한 기술적 성취를 넘어, 인류가 지혜와 윤리를 바탕으로 기술과 조화롭게 공존하며 만들어 가는 위대한 창조물이 될 것이다.

이는 1장에서 시작된 도시와 시민, 기술이 함께 추는 '공진화의 춤'이 마침내 가장 아름다운 하모니에 이른 모습이다. 스스로 학습하고 진화하는 도시의 지능은 인간의 창의성을 억압하는 것이 아니라 오히려 그 무대를 넓혀 주고, 자동화 시스템은 인간을 고된 노동에서 해방시켜 더 가치 있는 일에 집중하도록 돕는다.

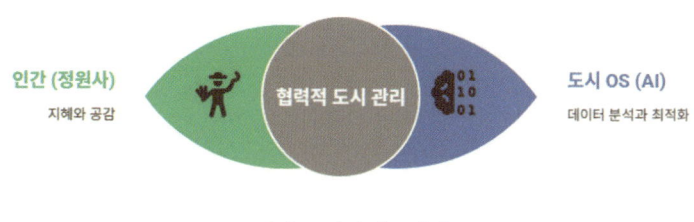

미래 도시의 파트너십

이 거대한 '관계의 그물망' 속에서, 인간은 더 이상 기술의 지배를 받는 객체가 아니라, 이 기술 생태계를 가꾸고 방향을 제시하는 '현명한 정원사'가 된다. 기술의 눈부신 발전과 인간 사회의 따뜻한 가치가 아름다운 교향곡처럼 어우러지는 미래, 이는 우리가 어떤 선택을 하고 어떤 노력을 기울이느냐에 달려있다. 이것이야말로 인류의 담대한 도전이자 희망의 증거이며, 그 미래를 만들어 갈 주역은 바로 우리 자신이다.

12.

새로운 항해를 시작하는 당신에게

지금까지 인류 문명의 새로운 가능성인 '자율 적응 도시'에 대해 탐구했다. 날로 심각해지는 도시 문제와 예측하기 어려운 미래 앞에서, 자율 적응 도시는 단순한 기술 솔루션을 넘어선 새로운 희망을 제시한다. 이는 도시와 인간, 그리고 환경이 서로 영향을 주고받으며 함께 배우고 성장하는 '살아 있는 공진화'의 모습이다.

이러한 공진화 과정에서 도시는 시민들의 생활 패턴과 가치관 변화를 데이터로 학습하고, 시민은 기술이 열어 주는 새로운 기회를 통해 자신의 가능성을 넓혀 간다. 기술은 더 이상 차갑고 딱딱한 도구가 아니라, 우리 삶을 더 편리하고 안전하며 지속가능하게, 그리고 더 창의적이고 의미 있게 만드는 따뜻한 동반자이다. 이는 도시와 시민이 함께 추는 아름다운 춤처럼, 서로의 리듬에 맞춰 새로운 움직임을 만들어 내는 과정이다.

이러한 비전은 단순한 이상이 아니다. 인간과 도시 환경이 서로 도우며 함께 번영하는 새로운 시대를 향한 구체적인 청사진이다. 자율 적응 도시는 기술이 인간을 소외시키는 암울한 미래가 아니라, 오히려 인간의 창의성과 공동체 정신을 더욱 꽃피우는 무대가 될 수 있음을 보여 준다. 도시의 지능은 시민 개개인의 지혜와 만날 때 비로소 완성되며, 이런 상호작용을 통해 도시는 끊임없이 자신을 개선하고 미래 도전에 대한 답을 찾아 나간다.

12.1

우리가 함께 걸어온 길

책 전반에 걸친 주요 인사이트

이 책과 함께한 우리의 여정은 한 가지 질문에서 시작했다. 벼랑 끝에 선 현대 도시의 문제를 해결할 새로운 희망은 어디에 있는가? 우리는 그 답으로, 도시와 인간, 환경이 함께 배우고 성장하는 '살아 있는 공진화'(1장)라는 새로운 패러다임을 만났다.

우리는 이 살아 있는 도시의 '두뇌와 신경계'(2장)를 이루는 경이로운 기술들을 탐험했고, 그 지능이 어떻게 교통, 에너지, 물, 건축이라는 '도시의 몸'(3장)을 역동적으로 움직이는지 목격했다. 하지만 이 강력한 생명체에게는 반드시 올바른 '영혼과 원칙'(4장)이 필요함을 깨달았고, 그 위에서 펼쳐질 '삶과 경제의 변화'(5장)를 조망했다. 나아가 도시의 기술적 진보가 과연 인간의 행복으로 이어지는지, 그 '마음의 온도'(6장)를 깊이 들여다보며 인간 중심의 가치를 다시 한번 확인했다.

우리는 이 도시가 기후변화와 재난 앞에서 스스로를 치유하며 살아남는 '생존과 회복의 지혜'(7장)를 배웠고, 이 모든 비전이 이미 현실이 되고 있는 세계 도시들의 '생생한 현장'(8장)을 탐방했다. 그리고 마침내 이 위대한 변화의 주인이 특별한 누군가가 아닌 바로 우리 자신임을 확인하며, 스스로 '시민 도시 계획가'(9장)가 되는 구체적인 지혜를 얻었다.

물론, 그 길에 놓인 험난한 '도전과 한계'(10장)를 정직하게 마주한 뒤, 마침내 이 모든 것을 넘어 우리가 꿈꾸는 2050년의 '희망찬 비전'(11장)에 도달했다. 이 여정을 통해 우리는 자율 적응 도시가 단순한 기술의 유토피아가 아님을 확인했다.

12.2

미래를 위한 역할에 대한 초대

자율 적응 도시라는 미래 비전을 현실로 만들기 위해서는 특정 주체의 노력만으로 부족하다. 정책 입안자, 기업, 시민 모두의 적극적 참여와 유기적 협력이 필수적이다.

정책 입안자, 기업, 시민을 위한 행동 제안

1) 정책 입안자에게: 미래 도시의 설계도를 그리는 손길

회복력 중심의 장기 비전 수립: 미래 불확실성에 대비하고 도시의 지속적 적응 능력을 키우는 디지털 인프라 투자 로드맵을 구체화해야 한다. 단기 성과에 매몰되지 않는 장기 비전을 수립하여 정책의 일관성을 확보하는 것이 중요하다.

혁신 친화적 규제 환경 조성: 빠르게 발전하는 기술과 변화하는 사회 요구에 부응할 수 있도록 기존의 경직된 규제를 혁신 친화적으로 개선해야 한다. 규제 샌드박스 확대, 네거티브 규제 방식 도입, 기술 표준화 및 인증

체계 마련을 통해 기업 혁신을 지원하되, 동시에 시민의 안전과 프라이버시, 공익을 보호하는 균형 잡힌 '적응적 규제' 환경을 만들어야 한다.

데이터 거버넌스 체계 확립: 데이터의 수집, 활용, 공유, 폐기에 대한 명확한 원칙과 기준을 담은 포괄적 데이터 거버넌스 체계를 수립해야 한다. 특히 개인정보보호 강화, 데이터 주권 보장, 알고리즘의 투명성과 공정성 확보를 위한 기술적·제도적 장치를 마련하고, AI 윤리 가이드라인을 개발하여 책임 있는 기술 활용을 유도해야 한다.

협력 플랫폼 구축: 자율 적응 도시 구현은 정부, 기업, 학계, 시민사회 등 다양한 주체들의 협력을 통해서만 가능하다. 리빙랩 운영, 개방형 혁신 플랫폼 구축, 시민 아이디어 공모전 등을 통해 다양한 주체들이 도시 문제 해결과 새로운 서비스 개발에 함께 참여할 수 있는 협력 생태계를 조성해야 한다.

디지털 포용성 강화: 모든 시민이 자율 적응 도시의 혜택을 동등하게 누릴 수 있도록 디지털 격차 해소 노력이 필수적이다. 저렴한 공공 인터넷 제공, 공공 정보 접근성 향상, 생애주기별 맞춤형 디지털 교육 프로그램 확대를 통해 시민들의 기술 활용 역량을 강화해야 한다.

2) 기업에게: 혁신의 엔진이자 사회적 양심

인간 중심의 솔루션 개발: 시민의 실제 생활 문제를 해결하고 삶의 질을 향상시키는 인간 중심의 자율 적응 솔루션 개발에 R&D 투자를 집중해야 한다. 예측 불가능한 시장 변화와 기술 발전에 유연하게 대응할 수 있는 적응형 비즈니스 모델로의 전환도 중요하다. 기술 자체의 우수성뿐만 아니라 사용자 편의성과 사회적 수용성을 함께 고려한 기술 개발이 필요하다.

개방형 혁신과 파트너십: 독자적 기술 개발의 한계를 인식하고, 다른 기업, 스타트업, 대학, 연구기관과의 적극적 파트너십과 개방형 혁신을 통해 시너지를 창출해야 한다. 기술, 데이터, 플랫폼을 공유하고 공동 연구개발을 추진함으로써 혁신 속도를 높이고 새로운 시장을 개척할 수 있다.

지속가능한 비즈니스 모델: 단기적 이윤 추구를 넘어 환경 보호, 사회적 책임, 투명한 지배구조를 갖춘 지속가능한 비즈니스 모델을 구축해야 한다. 이는 기업의 장기적 성장과 사회적 신뢰 확보에 기여하며, 자율 적응 도시의 핵심 가치와도 부합한다.

데이터 윤리 경영: 시민들의 데이터를 활용하는 과정에서 개인정보보호 규정을 철저히 준수하고, 데이터 보안을 위한 최고 수준의 기술적·관리적 조치를 선제적으로 도입해야 한다. 알고리즘의 공정성과 투명성을 확보하기 위한 내부 감사 및 외부 검증 시스템 운영도 필요하다.

지역사회 기여: 기업의 핵심 역량과 기술, 자원을 활용하여 지역사회가 직면한 구체적 문제를 해결하고, 공공 서비스 질을 높이며, 취약 계층을 지원하는 등 사회적 책임을 다해야 한다. 이는 기업 이미지 제고는 물론 새로운 사업 기회 발굴로도 이어질 수 있다.

3) 시민에게: 도시의 진정한 주인이자 살아 있는 심장

자율 적응 도시라는 위대한 교향곡의 마지막 악장을 완성하는 것은 결국 시민 한 사람 한 사람이다. 기술과 시스템의 수동적 소비자가 아니라, 도시의 미래를 능동적으로 만들어 가는 주체로서 다음과 같은 역할이 우리를 기다린다.

적극적 학습과 비판적 수용: 자율 적응 도시가 제공하는 다양한 서비스와 기술을 두려워하거나 무조건 수용하기보다는, 적극적으로 학습하고 일상생활에 활용하되 그 이면의 잠재적 위험과 사회적 영향에 대해 비판적으로 성찰하는 열린 자세가 필요하다.

도시 정책 참여: 디지털 플랫폼, 공청회, 주민 참여 예산제, 리빙랩 등 다양한 채널을 통해 도시 정책 결정 과정과 도시 문제 해결 노력에 적극적으로 참여하고 자신의 의견과 아이디어를 개진해야 한다. 시민들의 능동적 참여는 도시 거버넌스의 민주성과 투명성을 높이고, 실제 필요에 부응하는 도시 서비스를 만드는 핵심 동력이다.

데이터 주권 의식: 자신의 데이터가 어떻게 수집되고 활용되는지에 대한 명확한 인식을 갖고, 개인정보보호를 위한 기본 수칙을 준수하며, 자신의 데이터에 대한 통제권을 적극적으로 행사해야 한다.

지속가능한 생활 실천: 에너지 절약, 분리수거, 대중교통 이용, 친환경 제품 소비, 불필요한 소비 줄이기 등 일상생활에서의 작은 실천들이 모여 도시 전체의 환경 부담을 줄이고 지속가능성을 높이는 데 결정적 기여를 한다.

지역사회 참여: 지역사회가 당면한 문제를 해결하기 위한 다양한 온·오프라인 커뮤니티 활동에 적극 참여하고, 이웃과 소통하며 신뢰와 연대의식을 강화하는 것은 자율 적응 도시의 사회적 자본을 풍부하게 만들고 공동체 회복력을 높이는 중요한 과정이다.

12.3

새로운 도시 시대의 시작: 공진화하는 인간과 도시

결국 이 책과 함께한 여정은 도시를 바라보는 관점의 근본적인 전환이었다. 우리는 도시를 '만들어야 할 무엇(object)'으로 보는 관점에서, '우리가 그 안에서 살아가며 함께 가꾸어야 할 관계의 장(network)'으로 보는 관점으로 이동했다. 자율 적응 도시는 완벽하게 건설되어야 할 최종 목적지가 아니다. 그것은 수많은 생명이 서로 의존하며 살아가는 '정원'과도 같다.

정원사는 풀과 나무를 지배하지 않는다. 다만 물을 주고, 햇볕을 쬐어 주며, 잡초를 솎아 내어 각 식물이 스스로의 잠재력을 최대한 발휘하도록 도울 뿐이다. 마찬가지로 미래의 정책 입안자, 기업가, 그리고 시민 도시 계획가는 도시의 모든 관계들이 더 건강하고 창의적으로 피어날 수 있도록 그 '조건'을 만들어 주는 현명한 정원사의 역할을 수행해야 한다.

이 위대한 여정의 나침반은 바로 주역이 말하는 음양(陰陽)의 조화에 있다. 효율성과 최적화를 추구하는 기술의 힘이 '양(陽)'이라면, 포용성과 정신적 웰빙을 추구하는 인간의 가치는 '음(陰)'이다. 하향식의 강력한 시스템 구축이 양이라면, 상향식의 부드러운 시민 참여는 음이다. 자율 적응 도시의 공진화는 이 음과 양 어느 한쪽의 승리가 아니라, 둘이 서로를 마주 보고 긴장하며 함께 추는 아름다운 춤 속에서 완성된다.

하지만 이 모든 가능성 이면에는 우리가 10장에서 확인했던 심각한 도전과 그림자 또한 존재한다. 예측 불가능한 시스템의 위험, 알고리즘의 편향성, 그리고 사회적 혼란의 가능성은 우리가 기술 만능주의의 함정에 빠지지 않도록 끊임없이 경고한다.

따라서 우리는 두 가지 핵심 원칙, 즉 '인간 중심의 윤리적 통제'와 '사회적 합의에 기반한 포용적 진화'를 확고히 견지해야 한다. 이 두 원칙 위에 서만이 기술은 인간의 존엄성과 공동체의 가치를 최우선으로 봉사하며, 자율 적응 도시는 진정으로 지속 가능하고 모두를 위한 공간으로 발전할 수 있다.

결국 자율 적응 도시로의 여정은 단순히 더 빠르고, 더 똑똑한 도시를 만드는 기술적 과제가 아니다. 그것은 본질적으로 '우리는 어떤 가치를 추구하는 도시에서 살고 싶은가? 그 도시에서 인간다운 삶이란 무엇인가? 그리고 지속 가능한 미래를 위해 우리는 지금 무엇을 해야 하는가?'라는 근본적인 질문에 우리 시대의 답을 찾아가는 위대한 항해와 같다.

이 항해의 성공은 어느 한 개인이나 집단의 노력만으로는 이루어질 수 없다. 정책의 방향을 설정하는 정책 입안자들의 혜안, 혁신의 엔진을 돌리는 기업가들의 도전 정신, 그리고 도시의 진정한 주인으로서 변화의 과정에 참여하는 깨어 있는 시민들의 지혜와 용기가 어우러질 때 비로소 가능하다. 각자의 자리에서 우리가 내딛는 작은 발걸음들이 모여 자율 적응 도시라는 거대한 배를 앞으로 나아가게 하는 원동력이 될 것이다.

바라건대, 이 책이 그 길고도 의미 있는 여정의 작은 등대이자 나침반이 되어, 독자 여러분 각자가 마음속에 그리는 더 나은 도시의 미래를 구체적으로 상상하고, 그 꿈을 현실로 만들어가는 데 필요한 지혜와 영감을 얻는 데 조금이나마 보탬이 되었기를 진심으로 희망한다.

자율 적응 도시라는 미지의 대양을 향한 위대한 탐험의 돛은, 바로 지금 독자 여러분의 손에 들려, 새로운 가능성으로 가득 찬 도시 시대를 향해 힘차게 펼쳐질 준비를 마쳤다. 이제, 우리 각자의 자리에서 그 희망찬 미래 도시를 향한 상상력의 씨앗을 뿌리고, 용기 있는 실천의 첫걸음을 내딛어야 할 때다.

맺음말

먼 길을 함께 걸어와 마침내 이 마지막 페이지에 닿으신 독자 여러분께 깊은 감사의 마음을 전합니다. 우리는 이 책을 통해 도시의 가장 깊은 곳, 그 보이지 않는 신경망과 두뇌, 그리고 영혼을 탐험했습니다.

이 여정의 끝에서 우리가 마주한 진실은, 도시는 우리가 만들어야 할 거대한 기계가 아니라, 우리가 그 안에서 살아가며 함께 가꾸어야 할 하나의 거대한 정원이라는 사실이었을 겁니다. 정원사는 풀과 나무를 지배하지 않습니다. 다만 물을 주고, 햇볕을 쬐어 주며, 각 생명이 자신의 잠재력을 최대한 발휘하도록 도울 뿐입니다. 자율 적응 도시의 미래 역시 마찬가지입니다.

저는 이 책에서 기술의 눈부신 힘(陽)과, 인간을 향한 따뜻한 마음(陰)이 어떻게 조화롭게 춤을 출 수 있는지 보여 주고자 했습니다. AI의 강력한 분석력이 도시의 문제를 해결하는 동시에, 한 사람의 작은 목소리에도 귀 기울일 수 있음을, 최첨단 인프라가 효율성을 극대화하는 동시에, 아이들의 웃음소리가 가득한 '비어 있는 공간'을 품을 수 있음을 이야기하고 싶었습니다.

하지만 이 책의 마지막 장은 끝이 아니라, 새로운 시작입니다. 저는 이 책을 통해 미래 도시의 완성된 지도를 그린 것이 아니라, 여러분의 손에 새로운 항해를 위한 나침반을 쥐어 드리고 싶었을 뿐입니다.

미래는 결코 정해져 있지 않습니다. 그것은 소수의 천재적인 설계자나 거대한 기술 기업이 우리에게 '선사'하는 것이 아닙니다. 미래는 바로 우리가, 각자의 삶의 터전에서, 아주 작은 실천으로 함께 만들어 가는 것입니다.

부디 이 책을 덮으신 후, '시민 도시 계획가'이자, 도시의 빈틈을 즐겁게 바꾸는 '유쾌한 해커'로서, 우리 동네의 작은 변화를 만들어 주시길 바랍니다. 위험한 골목길에 화분 하나를 내놓는 용기, 불편한 행정 서비스에 대해 목소리를 내는 성실함, 그리고 이웃의 문제에 귀 기울이는 따뜻한 마음이 모일 때, 우리가 꿈꾸는 도시는 비로소 현실이 될 것입니다.

자율 적응 도시라는 미지의 대양을 향한 위대한 탐험의 돛은, 바로 지금 이 책을 덮는 당신의 손에 들려 있습니다.

이제, 당신의 항해를 시작하십시오.

참고문헌

리처드 피셔. (2025). 롱 뷰. 상상스퀘어

마르코스 바스케스. (2022). 스토아적 삶의 권유. 레드스톤

박찬호, 이상호, 이재용, 조영태. (2022). 스마트시티 에볼루션. 북바이북

야마자키 세이타로. (2024). 여백 사고. 북스톤

유현준. (2021). 공간의 미래. 을유문화사

이병재. (2018). Smart City에서 Wise City로. 한국방재학회지. 제18권 제4호, p. 38-43

이병재. (2024). (A Primer on Korean Planning and Policy) 기후변화와 도시방재. 국토연구원

이왕건, 구형수, 김성수, 이병재, 이재용. (2016). 미래의 도시와 한국의 선택. 국토연구원

정석. (2016). 도시의 발견. 메디치미디어

최준균 외. (2023). 사이버 물리 공간의 시대. 사이언스북스

최진석. (2024). 건너가는 자. 쌤앤파커스

켄 윌버. (2012). 무경계. 정신세계사

한병철. (2024). 불안사회. 다산초당

Batty, M. (2013). The new science of cities. MIT Press. DOI: 10.7551/mitpress/9399.001.0001

Batty, M. (2018). Digital twins. Environment and Planning B: Urban Analytics and City Science, 45(5), 817-820. https://doi.org/10.1177/2399808318796416

Bibri, S. E., & Krogstie, J. (2017). Smart sustainable cities of the future: An extensive interdisciplinary literature review. Sustainable Cities and Society, 31, 183-212. DOI: 10.1016/j.scs.2017.02.016

Browning, W.D., Ryan, C.O., & Clancy, J.O. (2014). 14 Patterns of Biophilic Design. Terrapin Bright Green LLC.

Calzada, I., & Almirall, E. (2020). Data-driven smart cities: Towards a participatory governance model. AI & Society, 35(1), 91-105. https://doi.org/10.1007/s00146-018-0811-1

Chourabi, H., Nam, T., Walker, S., Gil-Garcia, J. R., Mellouli, S., Nahon, K., ... & Scholl, H. J. (2012). Understanding smart cities: An integrative framework. Proceedings of the Annual Hawaii International Conference on System Sciences, 2289-2297. DOI: 10.1109/HICSS.2012.615

Derrible, S., & Kennedy, C. (2011). The complexity and adaptivity of transportation systems. Transportation Research Part A: Policy and Practice, 45(9), 873-889. https://doi.org/10.1016/j.tra.2011.08.001

European Union Agency for Cybersecurity (ENISA). (2021). Cybersecurity for smart cities: A practical guide for NGI architects. Publications Office of the European Union. https://www.enisa.europa.eu/publications/cybersecurity-for-smart-cities-a-practical-guide-for-ngi-architects

Glaeser, E. (2011). Triumph of the city: How our greatest invention makes us richer, smarter, greener, healthier, and happier. Penguin Press.

Hashem, I. A. T., Chang, V., Anuar, N. B., Adewole, K., Yaqoob, I., Gani, A., Ahmed, E. & Chiroma, H. (2016). The role of big data in smart city. International Journal of Information Management, 36(5), 748-758. DOI: 10.1016/j.ijinfomgt.2016.05.002

Hollands, R. G. (2008). Will the real smart city please stand up? Intelligent, progressive or entrepreneurial? City, 12(3), 303-320. https://doi.org/10.1080/13604810802479126

Jacobs, J. (1961). The Death and Life of Great American Cities. Random House.

Lydon, M., & Garcia, A. (2015). Tactical Urbanism: Short-term Action for Long-term Change. Island Press.

Meijer, A., & Bolívar, M. P. R. (2016). Governing the smart city: A review of the literature on smart urban governance. International Review of Administrative Sciences, 82(2), 392-408. https://doi.org/10.1177/0020852314564308

OECD. (2020). Smart cities and inclusive growth. OECD Publishing. URL: https://www.oecd.org/cfe/cities/smart-cities.htm

Papa, R., Gargiulo, C., & Galderisi, A. (2013). Towards an urban planners' perspective on resilience. Planning Practice & Research, 28 (4), 387-404. https://doi.org/10.1080/02697459.2013.783626

Pariser, E. (2011). The Filter Bubble: What the Internet Is Hiding from You. Penguin UK.

Picard, R. W. (1997). Affective Computing. MIT Press.

Townsend, A. M. (2013). Smart cities: Big data, civic hackers, and the quest for a new utopia. W.W. Norton & Company. ISBN: 978-0393082876

Tuan, Y. F. (1977). Space and Place: The Perspective of Experience. University of Minnesota Press.

Weiser, M., & Brown, J. S. (1996). The Coming Age of Calm Technology. Xerox PARC.

World Economic Forum. (2018). Future cities: Building infrastructure resilience. URL: https://www.weforum.org/reports/future-cities-building-infrastructure-resilience

World Economic Forum. (2023). Global risks report 2023. World Economic Forum. https://www.weforum.org/reports/global-risks-report-2023/

자율 적응 도시

ⓒ 이병재, 2025

초판 1쇄 발행 2025년 11월 11일

지은이	이병재
펴낸이	이기봉
편집	좋은땅 편집팀
펴낸곳	도서출판 좋은땅
주소	서울특별시 마포구 양화로12길 26 지월드빌딩 (서교동 395-7)
전화	02)374-8616~7
팩스	02)374-8614
이메일	gworldbook@naver.com
홈페이지	www.g-world.co.kr

ISBN 979-11-388-4859-6 (03530)

- 가격은 뒤표지에 있습니다.
- 이 책은 저작권법에 의하여 보호를 받는 저작물이므로 무단 전재와 복제를 금합니다.
- 파본은 구입하신 서점에서 교환해 드립니다.